编委会

主　　编　赵　宽　曹　锐

副 主 编　涂　磊　穆新华　何　刚

参编人员　聂兰琴　陈亮亮　严　戈　涂　昆

赵宽，博士，副教授、硕士生导师，国家公派出国访问学者。长期从事大型真菌的物种多样性和分子进化研究，主持国家自然科学基金、江西省自然科学基金等科研课题，发表论文20余篇；指导学生参加全国大学生生命科学创新创业大赛获一等奖2项。入选江西省首批“高层次人才服务团”。

曹锐，毕业于东北林业大学社会工作专业。主持了2020、2021和2022年中央财政林业国家级自然保护区补助资金项目。主编《江西九岭山国家级自然保护区鸟类图鉴（第一卷）》，获2020、2021年度江西林业科普奖。现任江西九岭山国家级自然保护区管理局局长。

本书得到了江西九岭山国家级自然保护区2022年中央财政林业国家级自然保护区补助项目、国家自然科学基金、江西省自然科学基金的资助

江西九岭山
大型真菌图鉴

赵宽 曹锐 主编

图书在版编目（CIP）数据

江西九岭山大型真菌图鉴 / 赵宽，曹锐主编．— 南昌：江西人民出版社，2022.11

ISBN 978-7-210-14323-9

Ⅰ．①江… Ⅱ．①赵… ②曹… Ⅲ．①大型真菌—江西—图集 Ⅳ．① Q949.320.8-64

中国版本图书馆 CIP 数据核字（2022）第 224133 号

江西九岭山大型真菌图鉴
JIANGXIJIULINGSHANDAXINGZHENJUNTUJIAN
赵宽 曹锐 主编

责任编辑：章雷
装帧设计：章雷

地 址：江西省南昌市三经路 47 号附 1 号（330006）
网 址：www.jxpph.com
电子信箱：120708658@qq.com
编辑部电话：0791-86898860
发行部电话：0791-86898801
承 印 厂：江西省和平印务有限公司
经 销：各地新华书店

开 本：889 毫米 ×1194 毫米 1/16
印 张：14
字 数：80 千字
版 次：2022 年 11 月第 1 版
印 次：2022 年 11 月第 1 次印刷
书 号：ISBN 978-7-210-14323-9
定 价：180.00 元
赣版权登字 -01-2022-574

前 言

江西省，属华东中亚热带温暖湿润气候区，受东亚季风影响，水热充沛，又因地质历史悠久且未直接受到第四纪大陆冰川的明显影响，成为亚热带植物区系地理发展历史特别悠久的地区之一。九岭山脉，为罗霄山脉的北段东支，位于赣湘两省边境、修水和锦江之间。江西九岭山国家级自然保护区地处九岭山脉南坡，是我国中亚热带东部常绿阔叶林保存最为完好的地区之一，也是华东植物区系向华中植物区系过渡的重要区域。“绿水青山就是金山银山”，在习近平总书记生态文明思想的指引下，江西九岭山国家级自然保护区管理局和当地群众注重保护生态，做到人与自然和谐共生，九岭山保护区被列为“全球200”生物多样性优先保护地名单。优良的自然环境和适宜的气候条件孕育了大量森林中的“精灵”——大型真菌。

本书编写组自2017年开始在该区域进行野外考察，深入各类型生境，共收集大型真菌标本600余份，拍摄高质量生境照片2000余张。通过细致的形态特征比对和分子序列分析，共鉴定出40科108属共203个物种，包括2个新物种，即红盖金牛肝菌和江西粉孢牛肝菌（已另文发表），和86个江西省新记录种。可见九岭山是我省大型真菌多样性的“热点”区域。食用或药用真菌70种，毒菇40种，基本摸清了该区大型真菌资源“家底”。书中对大型真菌的主要形态特征、生态分布和食用价值进行了介绍，希望为读者野外辨识、避免误食毒蘑菇并提高食品安全认知提供帮助。为方便查阅，本书根据外形特征，结合类群物种数量，将大型真菌按照子囊菌亚门和担子菌亚门两大类进行编排，后者种类较多，又细分为牛肝菌类、伞菌类、多孔菌类、腹菌类、珊瑚菌类和干巴菌类等。**因大型真菌物种鉴定具有较强的专业性，仅靠图册并不能准确辨别毒蘑菇。敬告读者千万不要采食自己不熟悉的野生菌！**

许多专家和同仁在标本采集和研究过程中帮助我们解决了许多问题，尤其是中国科学院昆明植物研究所杨祝良研究员、王向华博士和加拿大麦克马斯特大学徐建平教授以及他们的团队成员。江西科技师范大学曾雅萍同学协助完成了清稿的文字校对。对于提供照片的同仁，我们在照片下方进行了标注（未标注的，由赵宽和穆新华拍摄）。本书得到了江西九岭山国家级自然保护区2022年中央财政林业国家级自然保护区补助项目、国家自然科学基金（31760007）和江西省自然科学基金（20202BABL213038、20202BABL215014）的资助。标本采集过程中，保护区各工作站同仁和当地群众给予了大力支持和协助。作者对上述个人和单位表示衷心感谢!

鉴于作者水平限制，本书难免错漏，敬请读者予以批评指正，以便再版时更正和完善。

作者

2022年9月

目 录

子囊菌亚门

担子菌亚门

二、牛肝菌类 115

三、多孔菌类 167

子囊菌亚门

Ascomycotina

1 绿杯盘菌

Chlorociboria aeruginosa (Oeder) Seaver

【形态特征】子囊果很小，群生于基物表面。子囊盘直径0.1~0.4 cm，盘形至贝壳形；表面蓝白色，不规则分布深蓝色斑点。菌柄长0.5~1 mm，中生。子囊70~110 × 6~8 μm，近圆柱形，具8个子囊孢子，顶端遇碘变蓝。子囊孢子8~13 × 2~3 μm，椭圆形至梭形，无色，稍弯曲，表面光滑。

【生态习性】夏秋季群生于阔叶林腐木上。

【食用价值】食毒不明，不建议食用。

【讨论】该种分布于中国大部分地区，其含有的醌类衍生物色素——盘菌木素（xylindein）能使木头呈现美丽的蓝绿色。

2 蝉花

Cordyceps chanhua Z.Z. Li *et al*.

【形态特征】分生孢子体由从蝉蛹头部长出的孢梗束组成。虫体表面棕黄色，为灰色或白色菌丝包被。孢梗束长1.6~6 cm，分枝或不分枝，上部可育部分长5~8 mm，直径2~3 mm，总体长椭圆形、椭圆形或纺锤形或穗状，长有大量白色粉末状分生孢子。不育菌柄长1~5 cm，直径1~2 mm，黄色至黄褐色。分生孢子梗5~8 × 2~3 μm，瓶状，中部膨大，末端渐细或突然窄细，常成丛聚生在束丝上。分生孢子5~14 × 2~3.5 μm，长椭圆形、纺锤形或近半圆形，具1~3个油滴。

【生态习性】散生于疏松土壤中的蝉蛹上。

【食用价值】药用，一般不食用。

【讨论】该物种是蝉的幼虫在羽化前被虫草菌感染所形成的，其有性阶段顶端分枝“发芽”形似花朵，故而称为蝉花。主要分布于南方地区。

3 蛹虫草

Cordyceps militaris (L.) Fr.

【形态特征】子座单生或数个，从寄主昆虫幼虫和蛹的各处长出，表面粗糙，苍黄色、橙黄色至橙红色，通常不分支，长2~7 cm，可育部分柱状至棒状，长1~3.5 cm，粗0.3~1 cm。子囊壳之间充满菌丝，450~650 × 250~360 μm，半埋生，近卵形。子囊200~600 × 4~4.5 μm。子囊孢子断裂，形成2~3 × 1 μm的次生子囊孢子。

【生态习性】夏秋季寄生于多种鳞翅目昆虫的幼虫和卵上。

【食用价值】可食。

【讨论】蛹虫草因含有虫草素、虫草多糖和虫草酸等生物活性物质，在药物开发方面显现出应用潜力。该种分布于中国大部分地区。

4　蛾蛹虫草

Cordyceps polyarthra Möller

【形态特征】无性分生孢子体生于蛾蛹上，由多根孢梗束组成。虫体被灰白色或白色菌丝包被。孢梗束高2~4 cm，群生或近丛生，常有分支。孢梗束纤细，黄白色、浅青黄色、蛋壳色至米黄色，部分偶带淡褐色，光滑。上部多分枝，白色，粉末状。分生孢子2~3 × 1.5~2 μm，近球形至宽椭圆形。

【生态习性】生于林中枯枝落叶层或地下蛾蛹上。

【食用价值】药用，一般不食用。

【讨论】该种主要分布于我国的华中、华南等地区。

5 黑轮层炭壳

Daldinia concentrica (Bolton) Ces. & De Not.

【形态特征】子座宽2~8 cm，高2~6 cm，扁球形至不规则马铃薯形，多群生或相互连接，初褐色至暗紫红褐色，后黑褐色至黑色，近光滑，光滑处常反光，成熟时出现不明显的子囊壳孔口。子座内部木炭质，剖面有黑白相间或全黑色至紫黑色、蓝黑色的同心环纹。子座色素在氢氧化钾中呈淡茶褐色。子囊壳埋生于子座外层，往往有点状的小孔口。子囊150~200 × 10~12 μm，子囊孢子12~17 × 6~8.5 μm，近椭圆形或近肾形，光滑，暗褐色。芽孔线形。

【生态习性】生于阔叶树腐木或腐树皮上。

【食用价值】药用，一般不食用。

【讨论】该种在我国大部分地区均有分布，其鉴别特征较为明显。

6 橙红二头孢盘菌

Dicephalospora rufocornea (Berk. & Broome) Spooner

【形态特征】子囊盘盘状至近盘状，直径0.2~0.5 cm，子实层表面橘黄色、橘红色至污黄色，干后深橘黄色、淡橘黄色至淡黄色。菌柄上部淡黄色、奶油色至白色，基部暗色至暗褐色。子囊长棒状至近圆柱形，具8个子囊孢子。子囊孢子8.5~14 × 3~5 μm，椭圆形，光滑。

【生态习性】夏秋季群生于阔叶树腐木上。

【食用价值】食毒不明，不建议食用。

【讨论】该物种是世界广布种，在我国大部分地区均有分布。其个体较小，颜色鲜艳，鉴别特征明显。

7　尾生球束梗孢

Gibellula clavulifera (Petch) Samson *et al*.

【形态特征】寄主长10~20 mm。孢梗束单生、圆柱形，从寄主尾部长出，白色至淡灰色，长6~20 mm、宽0.3~0.9 mm；分生孢子梗侧生于孢梗束的外沿菌丝，多隔膜，顶端膨大，二级轮生，长45~50 μm，宽5~7.5 μm，原瓶梗顶端棒状膨大（16.2~19.4 × 5.4~7.6 μm）或圆柱形（11.9~14 × 3.2~5.4 μm）；瓶梗圆柱形（15~17.3 × 3.2~4.3 μm）或棍棒状（14~15 × 3.2~4.3 μm）；分生孢子无色、透明、光滑、呈梭形（5.4~7.6 × 2.1~3.2 μm）至近球形（3.2~2.2 μm）。

【生态习性】夏秋季寄生于蜘蛛上。

【食用价值】药用。

【讨论】球束梗孢属为蜘蛛的专性寄生真菌，全球共有15种。尾生球束梗孢在中国主要分布于华中和华南地区，为江西省新记录种。

8　黄柄锤舌菌

Leotia lubrica (Scop.) Pers.

【形态特征】子囊盘直径0.8~3 cm，帽形至扁半球形。子实层表面近橄榄色，有不规则皱纹。菌柄长2~5 cm，直径2~4 mm，近圆柱形，稍黏，黄色至橙黄色，被同色细小鳞片。子囊110~130 × 9~11 μm，具8个子囊孢子，顶端壁加厚但不为淀粉质。侧丝线形，常分支，顶端近棒状至不规则膨大。子囊孢子16~20 × 4.5~5.5 μm，长梭形，两侧不对称，表面光滑，无色。

【生态习性】夏秋季群生于针阔混交林中地上。

【食用价值】个体小，食用价值不大。

【讨论】该种在我国主要分布于江西、山东和广西等地区；也有记载其可能有药用价值。

9 江西线虫草

Ophiocordyceps jiangxiensis (Z.Q. Liang *et al.*) G.H. Sung et al.

【形态特征】子座长4.5~8 cm，直径0.3~0.5 cm，从寄主的头部长出，簇生或丛生柱形，可分枝，淡褐色，无不育尖端，表面易长出绿色霉菌。子囊棒状，400~450 × 7~7.5 μm。子囊孢子5.5~7 × 1~1.2 μm，长柱形，不断裂。

【生态习性】寄生于林下丽叩甲或绿腹丽叩甲的幼虫上。

【食用价值】一般不食用。

【讨论】江西线虫草于2001年描述自江西省，模式标本采集自井冈山，在江西有悠久的民间用药史。该种主要分布于华中和华南等地。

10　下垂线虫草

Ophiocordyceps nutans (Pat.) G.H. Sung, *et al*.

【形态特征】子座单生，偶尔2~3根，从寄主胸侧长出。地上部长3.5~13 cm，分为头部和柄部。头部长0.4~1.1 cm，直径0.1~0.2 cm，长椭圆形至短圆柱形，新鲜时橙红色或橙黄色，随着成熟逐渐褪至呈黄色，最后浅黄色，老熟后下垂。菌柄长3~10 cm，不规则弯曲，纤维状肉质，黑色至黑褐色，有金属光泽，外皮与内部组织间有空隙，内部为白色。子囊棒状，长500 μm左右，含8个子囊孢子。子囊孢子线形，无色，薄壁，光滑，成熟后断裂形成分生孢子。次生子囊孢子8~10 × 1.4~2 μm，短圆柱形。

【生态习性】夏秋季生于半翅目蝽科昆虫成虫上。

【食用价值】药用，一般不食用。

【讨论】该物种因子座顶部弯曲下垂而得名，在我国主要分布于华中和华南等地。

11 黑柄炭角菌

Podosordaria nigripes (Klotzsch) P. M. D. Martins

【形态特征】子座不分枝，圆柱形，柄长短不等，高5~13.5 cm，粗4~5 mm，下部带较长的假根，可育部分初期白色至黄色，带黑色的子囊壳突起，后期变为暗黑色。柄黑色，内部初期白色，然后中心变黑色、子囊壳苍白色，组织较硬。表面因子囊壳孔口而粗糙，有纵向的皱纹，子座新鲜时可能没有皱纹。子囊孢子4~4.5 × 2.5~3.5 μm，褐色，单胞，椭圆状，不等边，光滑，芽缝直，不清晰或较弱。

【生态习性】夏秋季散生至群生于阔叶林中地上或腐木上。

【食用价值】药用，一般不食用。

【讨论】该种在国内主要分布于华中和华南等地区，可药用，具有增强人体造血功能、提高免疫力之功效。

12 盾盘菌

Scutellinia scutellata (L.) Lambotte

【形态特征】子囊盘直径3~15 mm，扁平呈盾状。子实层表面鲜红色、深红色至橙红色，老后或干后变浅色，平滑至有小皱纹，边缘有褐色刚毛。刚毛长达2 mm，硬直，顶端尖，有分隔，壁厚。无柄。子囊175~240 × 12~18 μm，圆柱形。子囊孢子16~22 × 11~15 μm，椭圆形至宽椭圆形，成熟后有小疣。子囊孢子单行排列。

【生态习性】夏秋季群生于潮湿的腐木上。

【食用价值】食毒不明，不建议食用。

【讨论】该种为全球广布种，最早可见于1753年林奈所著《物种起源》中，在国内大部分地区均有分布。

13 窄孢胶陀盘菌

Trichaleurina tenuispora M. Carbone *et al*.

【形态特征】子囊盘直径3~5 cm，高4~6 cm，陀螺形，无柄。子实层表面灰黄色、灰褐色至深褐色，囊盘被褐色至暗褐色，被褐色至烟色绒毛，绒毛表面有细小颗粒。菌肉（盘下层）强烈胶质。子囊400~500 × 14~17 μm，近圆柱形，具8个子囊孢子。子囊孢子26~34 × 9~12 μm，无色至淡黄色，长椭圆形，两端稍锐，外表具疣状纹。

【生态习性】夏秋季生于腐木上。

【食用价值】有毒，胃肠炎类型。

【讨论】窄孢胶陀盘菌于2013年描述自台湾省，过去常被误定为爪哇盖尔盘菌。该种在我国分布较为广泛，系江西省新记录种。

14　多形炭角菌

Xylaria polymorpha (Pers.) Grev.

【形态特征】子座高3~12 cm，直径0.5~2.2 cm，上部棒形、圆柱形、椭圆形、哑铃形、近球形或扁曲，内部肉色，干时质地较硬，表皮多皱，暗色或黑褐色至黑色，无不育顶部。不育菌柄一般较细，基部有绒毛。子囊壳直径550~850 μm，近球形至卵圆形，埋生，孔口疣状，外露。子囊150~200 × 8~10 μm，圆筒形，有长柄。子囊孢子20~30 × 6~10 μm，梭形，单行排列，常不等边，褐色至黑褐色。

【生态习性】夏秋季单生至群生于林间倒木或腐木上。

【食用价值】药用，一般不食用。

【讨论】该种在国内主要分布于华中和华南等地区，俗称“死人手指”，因子座形态多变而得名。

担子菌亚门

Basidiomycotina

一、伞菌类 *Agarics*

1　球基蘑菇

Agaricus abruptibulbus Peck

【形态特征】菌盖直径4~10 cm，凸镜形至扁半球形，中部突起，后期平展；表面白色至浅黄白色，中部颜色深，边缘附有菌幕残片；菌肉厚，白色或浅黄色。菌褶离生，初期灰白色，渐变为浅黄褐色，后期呈紫褐色。菌柄近柱状，长5~15 cm，直径1~3 cm，基部膨大呈近球形；菌环上位，白色，膜质，易脱落。担孢子6~9 × 4~5 μm，椭圆形至宽椭圆形，光滑，暗黄褐色至深褐色。

【生态习性】夏秋季群生或散生于针阔混交林中地上。

【食用价值】可食用。

【讨论】该物种在我国华中、华南地区分布较为广泛，因菌柄基部膨大为球状而得名，也是其最主要的鉴别特征。

包训详　供图

2　番红花蘑菇

Agaricus crocopeplus Berk. & Broome

【形态特征】菌盖直径3~6 cm，初期近球形，成熟后平展，被橙红色长绒毛或丛毛状鳞片，边缘有菌幕残片；菌肉厚0.1~0.2 cm，白色或污白色，后呈淡褐色。菌褶宽0.2~0.3 cm，离生，稍密，不等长，初期污白色至淡褐色，成熟后颜色加深呈褐色。菌柄近柱状，长2~5 cm，直径0.2~0.5 cm，成熟后空心，覆有与菌盖同色的长绒毛；菌环上位，不典型，为外菌幕残余物，与菌盖鳞片同质。担孢子6~8 × 3.5~4.5 μm，椭圆形，光滑，灰褐色。

【生态习性】夏秋季生于林中地上。

【食用价值】食毒不明，不建议食用。

【讨论】番红花蘑菇颜色鲜艳且菌盖表面具丛毛状鳞片，在野外较易识别。

3 黄鳞蘑菇

Agaricus luteofibrillosus M.Q. He *et al*.

【形态特征】菌盖直径3~7 cm，幼时钟形，边缘稍内卷，后平展；表面白色至淡褐色，被黄褐色平伏鳞片；菌肉厚0.3~0.7 cm，白色。菌褶宽0.3~0.8 cm，离生，致密，幼时粉色，成熟后棕色。菌柄柱状，长6~7 cm，直径0.5~1.4 cm，白色，中空，基部稍膨大，菌环以上表面光滑，菌环以下被黄褐色鳞片。子实体表面伤后变黄色。有杏仁味。担孢子5~6 × 3.0~4.0 μm，椭圆形，光滑。

【生态习性】夏秋季生于阔叶林中地上。

【食用价值】食毒不明，不建议食用。

【讨论】该物种主要鉴别特征为：菌盖表面被黄褐色平伏鳞片，手触或伤后子实体表面变黄色。

4 曼搞蘑菇

Agaricus mangaoensis M.Q. He & R.L. Zhao

【形态特征】菌盖直径2~3 cm，平展，表面干燥，被有细小棕色纤维状鳞片，边缘渐浅；菌肉厚约1~2 mm，白色，肉质。菌褶宽2~3 mm，离生，密，棕色，边缘白色，齿状，不等长。菌柄长6 cm，直径3 mm，白色，中空，柱状，基部球形膨大，菌环以上部分光滑，以下部分被白色丛毛鳞片；菌环宽2.5 mm，单环，膜质，易碎，表面光滑。担孢子5~6.5 × 3~4 μm，长椭圆形，褐色，光滑，厚壁。

【生态习性】夏秋季单生于林中地上。

【食用价值】食毒不明，不建议食用。

【讨论】该物种原描述自云南省，模式产地为西双版纳傣族自治州勐海县曼搞。原描述中将曼搞误称为“Mangao County”（曼搞县），实际上云南并无该县名。该物种在江西省各地较常见。

5 双环蘑菇

Agaricus placomyces Peck

【形态特征】菌盖直径4~6 cm，扁半球形，成熟后平展，表面白色，覆有纤毛状黄褐色鳞片；菌肉白色。菌褶离生，较密，最初白色，渐变粉红色到紫褐色。菌柄近柱状，长6~9 cm，直径0.5~1.2 cm，污白色，伤后变黄色，表面被细微绒毛，基部稍膨大；菌环两层，生于菌柄上部，白色，上层膜质，下层海绵质。担孢子5.5~7 × 3.5~4.5 μm，椭圆形，褐色。

【生态习性】夏秋季生于针阔混交林中地上。

【食用价值】可食。

【讨论】该物种全球分布，其主要鉴别特征为：菌环双层、生于菌柄上部。

6 林地蘑菇

Agaricus silvaticus Schaeff.

【形态特征】菌盖直径3~10 cm，初扁半球形，成熟后平展，表面近白色，覆有浅褐色或红褐色鳞片，向边缘渐稀少；菌肉白色。菌褶离生，较密，最初白色，渐变粉红色，后呈黑褐色。菌柄近柱状，长4~8 cm，直径0.5~1.5 cm，白色，伤后变黄色，表面被细微绒毛，基部稍膨大；菌环单层，生于菌柄上部，白色，膜质。担孢子5.5~6 × 3.5~4.5 μm，椭圆形，褐色，光滑。

【生态习性】夏秋季生于壳斗科植物与松树的混交林中地上。

【食用价值】可食。

【讨论】该物种在我国分布较广泛，其形态特征与双环蘑菇相似，但后者菌环双层。

7 缠足鹅膏

Amanita cinctipes Conner & Bas

【形态特征】菌盖直径5~7 cm，扁半球形至平展，中央有时稍凸起；菌盖表面灰色、暗灰色至褐灰色，具灰色至深灰色粉质疣状至毡状菌幕残余，但易脱落；菌盖边缘沟纹明显。菌褶白色至淡灰色；短菌褶近菌柄端多平截。菌柄长6~13 cm，直径0.5~1.5 cm，污白色至淡灰色，下半部被灰色纤丝状至绒状鳞片，上半部被灰色粉末状鳞片，内部空心，基部不膨大；菌环阙如；菌托灰色至深灰色，不规则至环带状排列。担孢子8~11.5 × 8~10.5 μm，球形或近球形，光滑，非淀粉质。

【生态习性】夏秋季生于壳斗科植物林中地上。

【食用价值】可食。

【讨论】本种与灰褶鹅膏*Amanita griseofolia*形态相近，但后者的担子和担孢子均较大且生于针阔混交林下。

8 格纹鹅膏

Amanita fritillaria Sacc.

【形态特征】菌盖直径4~10 cm，扁半球形至平展，菌盖表面淡灰色，褐灰色至淡褐色，中部色较深，具辐射状隐生纤丝花纹；菌幕残余锥状、疣状、颗粒状至絮状，有时菌幕残余在菌盖伸展中未被撕开而连成破布状，常为深灰色至近黑色，有时为灰色；菌盖边缘无沟纹；菌肉白色，伤不变色。菌褶白色，较密，不等长，短菌褶近菌柄端渐变窄。菌柄长5~10 cm，直径0.5~1.5 cm，白色至污白色，菌环之上有淡灰色至灰色的蛇皮纹状鳞片，菌环之下被灰色、淡褐色至褐色呈蛇皮纹状的鳞片；菌环上位至近顶生；基部近球形，直径1~2.5 cm，表面被深灰色至黑色、絮状至疣状菌幕残余。担孢子7~9 × 5.5~7 μm，椭圆形，光滑，淀粉质。

【生态习性】夏秋季生于壳斗科植物与松树的混交林中地上。

【食用价值】有毒，慎食。但也有食用记载。

【讨论】本种分布于我国大部分地区，其主要鉴别特征为：菌盖表面具辐射状隐生纤丝花纹，被锥状、疣状、颗粒状至絮状菌幕残余。

9　灰花纹鹅膏

Amanita fuliginea Hongo

【形态特征】菌盖直径3~6 cm，幼时近半球形，成熟后扁平至平展，菌盖表面深灰色、暗褐色至近黑色，中部色较深，具深色纤丝状隐生花纹或斑纹，光滑或偶有白色破布状菌幕残余；菌盖边缘一般无菌幕残余，无沟纹，有时有辐射状裂纹。菌褶白色，短菌褶近菌柄端渐变窄。菌柄近柱状，长6~10 cm，直径0.5~1 cm，白色至淡灰色，常被淡褐色细小鳞片；菌环顶生至近顶生，膜质，灰色至污白色；菌柄基部近球形，直径1~2.5 cm；菌托浅杯状，外表面白色至污白色，内表面白色。担孢子7~9 × 7.0~8.5 μm，球形至近球形，光滑，淀粉质。

【生态习性】夏秋季生于壳斗科植物与松树的混交林中地上。

【食用价值】剧毒，严禁食用。

【讨论】因误食该剧毒物种，我省曾发生多起致人死亡的中毒事件。该物种在我省分布广泛，应注意鉴别。

10　灰褶鹅膏

Amanita griseofolia Zhu L. Yang

【形态特征】菌盖直径3~10 cm，初扁半球形，成熟后平展，表面近灰色、暗灰色至褐灰色，覆有灰色至深灰色易脱落的粉质颗粒状至毡状菌幕残余；菌盖边缘具沟纹。菌褶离生，较密，菌褶幼时污白色，成熟时淡灰色。菌柄近柱状，长4~8 cm，直径0.5~1.5 cm，细长，白色至污白色，下半部被灰色纤丝状鳞片，上半部被灰色粉末状鳞片，内部空心，基部不膨大；菌环阙如。担孢子10~13.5 × 9.5~13 μm，近球形，光滑，非淀粉质。

【生态习性】夏秋季生于壳斗科植物与松树的混交林中地上。

【食用价值】可食。

【讨论】该物种曾被误定为欧洲的圈托鹅膏*Amanita ceciliae*，但后者菌柄粗壮且菌托呈环带状。

11 赤脚鹅膏

Amanita gymnopus Corner & Bas

【形态特征】 菌盖直径5.5~11 cm，扁平至平展；菌盖表面白色、米色至淡褐色，被有菌幕残余，菌幕残余近淡黄色、淡褐色至褐色的破布状至碎屑状，菌盖边缘常有絮状物，无沟纹；菌肉白色，伤后缓慢变为淡褐色至褐色，有硫黄气味或稍辣。菌褶离生，米色至淡黄色，成熟时为黄褐色，短菌褶近菌柄端渐窄。菌柄长7~13 cm，直径0.7~2 cm，污白色至淡褐色，近光滑；菌环顶生至近顶生，膜质，白色至米色；菌柄基部宽棒状至近球形，直径1.5~3 cm，白色至污白色，在其上部有时有粉末状至近鳞片状的饰物，无明显的菌幕残余，下部近光滑。担孢子6~8.5 × 5.5~7.5 μm，近球形至宽椭圆形，光滑，淀粉质。

【生态习性】夏秋季生于壳斗科植物与松树的混交林中地上。

【食用价值】有毒。

【讨论】本种因菌柄基部近光滑、无菌托而得名，主要分布在我国湖南、台湾、广东、云南和江西等省份。

12　黄蜡鹅膏

Amanita kitamagotake N. Endo & A. Yamada

【形态特征】菌盖直径6~10 cm，幼时近半球形，成熟后扁平至平展；菌盖表面中部黄褐色，至边缘逐渐变为黄色、淡黄色，无菌幕残余；菌盖边缘具沟纹。菌褶白色至淡黄色。菌柄长8~15 cm，直径1~1.5 cm，近柱状，淡黄色至黄色，基部不膨大；菌环生于菌柄上部，淡黄色；菌托袋状，白色。担孢子8.5~10.5 × 6~7.5 μm，椭圆形，光滑，非淀粉质。

【生态习性】夏秋季单生或散生于壳斗科植物与松树的混交林中地上。

【食用价值】可食。

【讨论】黄蜡鹅膏于2017年被日本学者描述，在我国云南省，其被称为“黄罗伞”，可食用。但该种和剧毒的黄盖鹅膏形态相近，容易混淆，应慎食。为江西省新记录种。

13 异味鹅膏

Amanita kotohiraensis Nagas. & Mitani

【形态特征】菌盖直径4~7 cm，扁半球形至平展；菌盖表面白色，有的中央米色，被菌幕残余；菌盖菌幕残余毡状至碎片状，白色，不规则分布，有时几乎全部脱落；菌盖边缘常悬垂有絮状物，无沟纹；菌肉白色，伤后不变色，常有刺鼻气味。菌褶淡黄色；短菌褶近菌柄端渐窄。菌柄长5~13 cm，直径0.5~1.5 cm，白色，被白色细小鳞片；菌环上位至近顶生，白色，宿存或破碎消失；菌柄基部近球形，直径1.5~4 cm，在其上部被有白色疣状、颗粒状至近锥状菌幕残余，不规则或环带状排列。常伴有刺鼻气味。担孢子7.5~9.5 × 5~6.5 μm，宽椭圆形至椭圆形，光滑，淀粉质。

【生态习性】夏秋季生于壳斗科植物与松树的混交林中地上。

【食用价值】有毒，误食可致命。

【讨论】异味鹅膏原描述于日本，因刺激性气味而得名。在我国，该种主要分布于华中和华南地区。为江西省新记录种。

14 大果鹅膏

Amanita macrocarpa W.Q. Deng *et al.*

【形态特征】菌盖直径15~24 cm，污白色至淡褐色，有时有橘黄色色调；菌幕残余锥状，污褐色至橘黄褐色，高2~3 mm；边缘常有絮状物；菌肉白色，伤后变淡黄色，气味难闻。菌褶离生，浅黄色，高0.7~1.1 cm，短菌褶近菌柄端平截至渐窄。菌柄长18~24 cm，直径2~4.5 cm，淡米色至淡橘黄色，被浅黄色至淡褐色鳞片；内部实心，淡黄色；基部近梭形至腹鼓状，直径5~6.5 cm。菌环中上位，老后易破碎脱落。担孢子7~9 × 5~6 μm，椭圆形，光滑，淀粉质。

【生态习性】夏秋季单生于壳斗科为主的阔叶树林下。

【食用价值】食毒不明，不建议食用。

【讨论】大果鹅膏因子实体较大而得名，模式标本采集自广州白云山。为江西省新记录。

15 隐花青鹅膏

Amanita manginiana Har. & Pat.

【形态特征】菌盖直径5~10 cm，扁平至平展；菌盖表面灰色、深灰色、灰褐色至淡褐色，中部色较深，具深色纤丝状隐生花纹或斑纹，光滑，偶被白色破布状菌幕残余；菌盖边缘常悬挂有白色菌环残余，无沟纹。菌褶白色；短菌褶近菌柄端通常渐窄。菌柄长8~15 cm，直径0.5~3 cm，白色，常被白色纤毛状至粉末状鳞片；菌环顶生至近顶生，白色，有时灰白色，宿存或悬垂于菌盖边缘或破碎消失；菌柄基部腹鼓状至棒状，直径2~3.5 cm；菌幕残余（菌托）浅杯状，游离托檐高达4 cm，厚0.5~2 mm，外表面灰色，内表面白色。担孢子6~8 × 5~7 μm，近球形至宽椭圆形，光滑，淀粉质。

【生态习性】夏秋季生于壳斗科植物与松树的混交林中地上。

【食用价值】可食。

【讨论】该物种原描述自日本，在越南和我国南方地区均有分布。其与草鸡枞鹅膏形态相似，但在个体大小、菌托颜色和孢子形态上存在差异。

16 拟卵盖鹅膏

Amanita neoovoidea Hongo

【形态特征】菌盖直径7~18 cm，半球形至较平展，白色；盖表菌幕残余膜状，浅黄色；边缘常有白色至米黄色絮状物。菌褶白色至米黄色，小菌褶近菌柄端渐窄。菌柄长7~20 cm，直径1~3 cm，白色至污白色，被絮状、粉末状鳞片；基部腹鼓状、梭形至白萝卜状，菌幕残余（菌托）浅黄色至赭色，呈膜质破布状、环带状或卷边状，有时几乎无菌幕残余。菌环白色，膜质，上位，易破碎消失。担子7~9.5 × 5~6.5 μm，椭圆形，光滑，淀粉质。

【生态习性】夏秋季单生或散生于针叶林或针阔混交林下。

【食用价值】有毒，急性肾衰竭型。

【讨论】拟卵盖鹅膏与描述于欧洲的卵盖鹅膏*Amanita ovoidea*形态相近，但后者菌盖上通常无膜质菌幕，菌柄基部有袋状、较高的菌托，担孢子较大。该物种在我国分布较广泛，在日本、韩国和尼泊尔等国家也有报道。

17 欧氏鹅膏

Amanita oberwinkleriana Zhu L. Yang & Yoshim. Doi

【形态特征】菌盖直径3~6 cm，白色，中央有时米黄色，光滑，有时留存白色膜质菌幕残余；菌肉白色，厚0.1~0.3 cm。菌褶高0.3~0.7 cm，白色，成熟后米色至浅黄色；短菌褶近菌柄端渐窄。菌柄长5~7 cm，直径0.5~1 cm，白色，常被白色反卷纤毛状或绒毛状鳞片；基部近球形或白萝卜状，直径1~2 cm。菌托浅杯状，游离于菌柄基部，两面白色；菌环上位，白色。担孢子8~10.5 × 6 ~8 μm，椭圆形或宽椭圆形，光滑，淀粉质。

【生态习性】夏秋季散生于阔叶林、针叶林或针阔混交林中地上。

【食用价值】有毒，急性肾衰竭型。

【讨论】欧氏鹅膏是为纪念著名真菌学家Franz Oberwinkler于1999年发表的物种。在我国南方广泛分布。

18　东方褐盖鹅膏

Amanita orientifulva Zhu L. Yang *et al.*

【形态特征】菌盖直径5~14 cm，较平展；表面红褐色至深褐色，边缘颜色较浅、棱纹明显；菌肉白色，薄。菌褶离生，白色至米色，厚0.4~0.8 cm。菌柄中生，长棒状，长8~15 cm，直径0.5~3 cm，表面污白至淡黄褐色，光滑，内部颜色同盖表菌肉；菌托鞘状，游离于菌柄，高2~4 cm，外部污白色、夹杂锈黄色斑点，内部浅黄褐色。无特殊气味。担孢子10~14 × 9.5~13 μm，近球形，光滑，非淀粉质。

【生态习性】夏秋季散生于柳杉与阔叶树林下。

【食用价值】食毒不明，不建议食用。

【讨论】东方褐盖鹅膏因与欧洲的褐盖鹅膏*A. fulva*形态相似，但可通过子实体和孢子大小、菌托显微结构等方面对二者进行区分。该物种在我国云南、贵州和浙江等地也均有分布，为江西省新记录。

19　红褐鹅膏

Amanita orsonii Ash. Kumar & T. N. Lakh.

【形态特征】菌盖直径3~12 cm，扁半球形至平展；菌盖表面红褐色、黄褐色，有时淡褐色，中部颜色较深，被菌幕残余；菌幕残余近锥状、疣状至絮状，有时呈破布状，污白色、淡灰色至灰褐色；菌肉白色，受伤后缓慢变红褐色；菌盖边缘一般无沟纹。菌褶白色，伤后缓慢变红褐色，不等长；短菌褶近菌柄端渐变窄。菌柄长7~13 cm，直径0.5~1.5 cm，菌环之上污白色，常被蛇皮纹状白色鳞片，菌环之下污白色，擦伤后变为红褐色，被有灰色、淡褐色纤毛状鳞片；菌环上位；菌柄基部近球状，直径1.5~3 cm，其上半部被有的菌幕残余与菌盖表面的菌幕残余同色，常呈环带状排列。担孢子7~9 × 5.5~7.5 μm，宽椭圆形至椭圆形，光滑，淀粉质。

【生态习性】夏秋季生于壳斗科植物与松树的混交林中地上。

【食用价值】有毒。

【讨论】本种酷似欧洲的赭盖鹅膏*Amanita rubescens*，但后者担孢子较长、较窄。

20 卵孢鹅膏

Amanita ovalispora Boedijn

【形态特征】菌盖直径4~7 cm，平展，烟灰色至暗灰色，表面较平滑；边缘颜色较浅，棱纹明显且长；菌肉白色，薄。菌褶离生，白色，干后常呈灰色或浅褐色；短菌褶近菌柄端多平截。菌柄长柱状，长6~10 cm，直径0.5~1.5 cm，洁白，上半部被细小的白色粉粒；菌托袋状至杯状，游离于菌柄，高2~4 cm，直径1.2~2.5 cm，厚1~1.5 mm，外表面白色至污白色，内表面白色。担孢子9~11 × 7~9 μm，宽椭圆形至椭圆形，光滑，非淀粉质。

【生态习性】夏秋季散生于针叶林中地上。

【食用价值】食毒不明，不建议食用。

【讨论】卵孢鹅膏原描述于东南亚，在我国云南、广东、江苏、台湾和海南等南方多个省区均有分布。为江西省新记录种。

21 小白刺头鹅膏

Amanita parvivirginea Yang-Yang Cui *et al.*

【形态特征】菌盖直径3~6 cm，幼时近半球形，成熟后扁平至平展；菌盖表面白色至浅褐色，中部颜色较深，被菌幕残余；菌幕残余污白色至淡褐色，圆锥状至角锥状，高1~1.5 mm，宽1~2 mm，至菌盖边缘逐渐变小、变淡；菌盖边缘常悬垂有絮状物，无沟纹。菌褶离生，密集，白色，短菌褶近菌柄端渐变窄。菌柄长4~8 cm，直径0.5~1 cm，白色至污白色，被淡褐色细小鳞片；菌环顶生，膜质、白色、易脱落；菌柄基部近球形，直径1~1.5 cm，其上部被有污白色至淡褐色的疣状菌幕残余。担孢子6~8.5 × 6~7.5 μm，宽椭圆形至近球形，无色，光滑，淀粉质。

【生态习性】夏秋季生于阔叶林或针阔混交林中地上。

【食用价值】食毒不明，不建议食用。

【讨论】该种和原描述于东南亚的白刺头鹅膏*A. virginea*形态相近但子实体较小而得名。为江西省新记录种。

22 假褐云斑鹅膏

Amanita pseudoporphyria Hongo

【形态特征】菌盖直径4~12 cm，幼时半球形，后渐扁平、近平展至边缘上翘；褐灰色，中部色深，光滑，似有隐生纤毛及其形成的花纹，稍黏，有时附有菌幕碎片；边缘平滑无条棱，常附有白色絮状菌环残留物；菌肉白色，伤不变色，中部稍厚。菌褶离生，白色，密，不等长。菌柄长5~12 cm，直径0.6~1.8 cm，白色，常有纤毛状鳞片或白色絮状物，基部膨大后向下稍延伸呈假根状，实心；菌环上位，白色，膜质。菌托苞状或袋状，白色。担孢子7.5~9 × 4~6 μm，卵圆形至宽椭圆形，光滑，淀粉质。

【生态习性】夏季生于针叶林或针阔混交林中地上。

【食用价值】有毒。

【讨论】该物种原产于日本，在我国南方较为常见，须避免采食。

23 裂皮鹅膏

Amanita rimosa P. Zhang & Zhu L. Yang

【形态特征】菌盖直径3~5 cm，扁半球形至扁平；菌盖表面中部米色稀淡黄褐色，其他部位白色，平滑或偶有辐射状细小裂纹，一般无菌幕残余；菌盖边缘无沟纹，有时有辐射状裂纹。菌褶白色；短菌褶近菌柄端渐变窄。菌柄近柱状，长5~8 cm，直径0.3~1 cm，白色至污白色，有时被白色细小鳞片；菌环近顶生，膜质，白色；菌柄基部近球形，直径0.8~1.6 cm；菌托浅杯状，内外两面皆为白色。担孢子7~8.5 × 6.5~8 μm，球形至近球形，光滑，淀粉质。

【生态习性】夏秋季生于以壳斗科植物为主的阔叶林中地上。

【食用价值】剧毒，严禁食用。

【讨论】该种原描述自中国，主要分布于江西、湖南、湖北、广东和海南等省份，曾导致多起中毒事件，要严防误食。

24 泰国鹅膏

Amanita siamensis Sanmee *et al*.

【形态特征】菌盖直径5~7 cm，本底污白色，中央淡黄褐色；边缘有棱纹；盖表菌幕残余黄褐色并带橄榄色色调、粉末状至小疣状，后渐脱落；菌肉白色，薄。菌褶较密，离生，白色，有小菌褶。菌柄长7~10 cm，直径0.7~1 cm，密被黄褐色粉末状鳞片；基部膨大呈腹鼓状至椭圆形，直径1~1.5 cm。菌环上位至近顶生，膜质，易破碎而脱落。担孢子8.5~11.0 × 7.0~8.5 μm，宽椭圆形至椭圆形，光滑，非淀粉质。

【生态习性】夏秋季生于松属和壳斗科植物组成的针阔混交林中地上。

【食用价值】有毒，神经精神型。

【讨论】泰国鹅膏因原描述自泰国而得名，在我国云南和江西也有分布。该物种与土红鹅膏*A. rufoferruginea*较为相似，但后者菌盖上的菌幕残余土红色、橘红褐色（无橄榄色色调），且担孢子球形至近球形。

25 残托鹅膏原变型

Amanita sychnopyramis Corner & Bas f. *sychnopyramis*

【形态特征】菌盖直径3~8 cm，扁平至平展；菌盖表面淡褐色、灰褐色至深褐色，至边缘颜色变淡，被菌幕残余；菌幕残余角锥状至圆锥状，白色、米色至淡灰色，基部色较深；菌盖边缘有长沟纹。菌褶离生至近离生，白色；短菌褶近菌柄端多平截。菌柄长5~11 cm，直径0.5~1.5 cm，米色至白色；菌环阙如；菌柄基部膨大呈近球状至腹鼓状，直径1.5~2 cm，上半部被有米色、淡黄色至淡灰色的疣状、小颗粒状至粉末状菌幕残余，常呈不规则同心环状排列。担孢子6.5~8.5 × 6~8 μm，球形至近球形，非淀粉质。

【生态习性】夏秋季生于壳斗科植物与松树的混交林中地上。

【食用价值】有毒。

【讨论】该物种原产于新加坡，在中国主要分布于云南省。为江西省新记录。

26 残托鹅膏有环变型

Amanita sychnopyramis f. *subannulata* Hongo

【形态特征】菌盖直径3~8 cm，扁平至平展；菌盖表面淡褐色、灰褐色至深褐色，至边缘颜色变淡，被菌幕残余；菌幕残余角锥状至圆锥状，白色、米色至淡灰色，基部色较深；菌盖边缘有长沟纹。菌褶离生至近离生，白色；短菌褶近菌柄端多平截。菌柄长5~11 cm，直径0.5~1.5 cm，米色至白色；菌环中生，膜质，易脱落；菌柄基部膨大呈近球状至腹鼓状，直径1.5~2 cm，上半部被有米色、淡黄色至淡灰色的疣状、小颗粒状至粉末状菌幕残余，常呈不规则同心环状排列。担孢子6.5~8.5 × 6~8 μm，球形至近球形，光滑，非淀粉质。

【生态习性】夏秋季生于壳斗科植物与松树的混交林中地上。

【食用价值】有毒。

【讨论】该物种在中国主要分布于江西、湖南、广东、海南、广西和云南等省区。

27 褐红炭褶菌

Anthracophyllum nigritum Kalchbr.

【形态特征】菌盖长0.6~3.5 cm，宽0.5~3 cm，近肾形、半圆形、扇形或椭圆形，有放射状沟纹，肉褐色至茶褐色或红茶褐色，有时具有浅色的边缘。菌肉薄，较韧，褐色至带黄绿色。菌褶稀疏，狭窄，共有9~13片完全菌褶及部分不完全菌褶，从着生基部呈辐射状排列生出；与菌盖同色至灰色、灰褐色至暗褐色，个别有分叉。菌柄缺或极小，侧面着生。担孢子6.5~9 × 4~5 μm，椭圆形，近无色至淡褐色。

【生态习性】夏秋季生于阔叶树枯枝上。

【食用价值】食毒不明，不建议食用。

【讨论】该种分布于国内大部分地区，其主要特征为：菌盖表面有放射状沟纹，肉褐色至茶褐色或红茶褐色。

28 假蜜环菌

Armillaria tabescens (Scop.) Emel

【形态特征】菌盖直径2.8~8.5 cm，幼时扁半球形，后渐平展，有时边缘稍翻起；蜜黄色或黄褐色，老后锈褐色，往往中部色深并有纤毛状小鳞片，不黏；菌肉白色或带乳黄色。菌褶白色至污白色，或稍带暗肉粉色，近延生，稍稀，不等长。菌柄长2~13 cm，直径0.3~0.9 cm，圆柱形，上部污白色，中部以下灰褐色至黑褐色，有时扭曲，具平伏丝状纤毛，内部松软至空心；菌环无。担孢子7.5~10 × 5~7.5 μm，宽椭圆形至近卵圆形，光滑，无色，非淀粉质。

【生态习性】夏秋季群生于腐木及树干基部和根际。

【食用价值】可食用。

【讨论】假蜜环菌的食用历史久远，早在1791年《皇和蕈谱》中即有记载。因其菌丝体初期在暗处发荧光，又名发光假蜜环菌或亮菌。

29 黄盖小脆柄菇

Candolleomyces candolleanus (Fr.) D. Wächt. & A. Melzer

【形态特征】菌盖直径1~10 cm，幼时半球形，后呈圆锥形至平展，中部稍钝圆凸起或不凸起；新鲜时褐色至黄褐色，边缘水浸状，具半透明条纹，水浸状消失后呈淡黄褐色至污白色，边缘开裂或不开裂；幼时菌盖表面具少量白色丛毛，边缘具明显至少量菌幕残片，易消失；菌肉薄，近菌柄处厚约1.5 mm，白色，易碎。菌褶宽2~3 mm，细长，密，稍弯生，不等长，边缘锯齿状。菌柄脆，长3~11 cm，直径0.3~0.5 cm，中生，圆柱形，中空，上下等粗，表面具白色纤毛。无特殊味道。孢子印褐色。担孢子6.1~9.0 × 3.7~4.5 μm，淡褐色，椭圆形至长椭圆形，光滑，非淀粉质。

【生态习性】夏秋季单生、散生至群生于地上或腐木上。

【食用价值】含色胺和吲哚类衍生物，有毒。

【讨论】该种广泛分布于中国各地，可用于制备黄曲霉菌抑制剂。

30 菊黄鸡油菌

Cantharellus chrysanthus Ming Zhang *et al.*

【形态特征】子实体小，肉质，喇叭形，菌盖直径1~3 cm，中部初扁平，后下凹，橙黄色，边缘不规则波状，内卷；菌肉很薄；菌褶延生，稀疏，分叉；菌柄长1~2 cm，直径0.2~0.6 cm，橙黄色。孢子无色，光滑，椭圆形至卵圆形，7~9 × 4.5~6 μm。

【生态习性】夏秋季群生于针阔混交林中地上。

【食用价值】可食。

【讨论】因个体较小，菊黄鸡油菌曾被误定为北美的小鸡油菌，直到2022年被我国学者描述。该种因通体菊黄色而得名，在我国广东、湖南、浙江、安徽和贵州等地均有分布。

包训详　供图

31　白小鬼伞

Coprinellus disseminatus J.E. Lange

【形态特征】菌盖直径0.5~1 cm，初期卵形至钟形，后期平展；淡褐色至黄褐色，被白色至褐色颗粒状至絮状鳞片，边缘具长条纹；菌肉近白色，薄。菌褶初期白色，后转为褐色至近黑色，成熟时不自溶或仅缓慢自溶。菌柄长2~4 cm，直径0.1~0.2 cm，白色至灰白色，菌环无。担孢子6.5~9.5 × 4~6 μm，椭圆形至卵形，光滑，淡灰褐色，顶端具芽孔。

【生态习性】夏秋季生于壳斗科植物与松树的混交林中腐木上。

【食用价值】有毒。

【讨论】该种分布于中国大部分地区。其主要鉴别特征为：菌盖淡褐色至黄褐色，被白色至褐色颗粒状至絮状鳞片，边缘具长条纹。

32　平盖靴耳

Crepidotus applanatus (Pers.) P. Kumm.

【形态特征】菌盖直径1~4 cm，扇形、近半圆形或肾形，扁平；表面光滑，湿时水浸状，白色或黄白色，有茶褐色担孢子粉，后变至带褐色或浅土黄色，干时白色、黄白色或带淡粉黄色，盖缘湿时具条纹，薄，内卷，基部有白色软毛；菌肉薄，白色至污白色，柔软。菌褶从基部放射状生出，延生，较密，不等长，初期白色，后变淡褐色或肉桂色。无菌柄或具短柄。担孢子5.0~7.5 × 5.0~7.0 μm，宽椭圆形，球形至近球形。

【生态习性】夏秋季群生于阔叶树腐木上。

【食用价值】可食。

【讨论】该种广泛分布于中国大部分地区，其主要鉴别特征为：子实体无柄，呈扇形群生或叠生于阔叶树朽木上。

33 粗糙金褴伞

Cyptotrama asprata (Berk.) Redhead & Ginns

【形态特征】菌盖直径2~3 cm，半球形至扁平；橘红色、黄色至淡黄色，被橘红色至橙色锥状鳞片，边缘内卷；菌肉薄，污白色至淡黄色。菌褶近直生，不等长，白色。菌柄近柱状，长2~4 cm，直径0.2~0.5 cm，近白色至米色，被黄色至淡黄色鳞片。担孢子7~9 × 5~6.5 μm，近杏仁形，光滑，无色，非淀粉质。

【生态习性】夏秋季生于腐木上。

【食用价值】有毒。

【讨论】在中国，该种主要分布于东北、华中及华南地区，其主要鉴别特征为：菌盖被橘红色至橙色锥状鳞片，菌柄被黄色至淡黄色鳞片。

34 雅薄伞

Delicatula integrella (Pers.) Fayod

【形态特征】菌盖直径0.8~1.5 cm，凸镜形至平展；表面光滑，白色，湿润时表面可见辐射状透明条纹；菌肉膜质，软，白色。菌褶白色，窄，脊状，不规则或中间有分叉，稀，近延生或菌褶临近菌柄处有凹口，边缘光滑。菌柄长1~2.5 cm，直径0.1~0.2 cm，白色，透明，表面光滑或有细小纤毛，基部稍膨大，并稍带有白色的毛状菌丝，脆。担孢子5.5~9.5 × 3~5.5 μm，椭圆形，光滑，无色。

【生态习性】夏秋季生于腐朽木桩上。

【食用价值】食毒不明，不建议食用。

【讨论】该种在我国主要分布于西北、东北和华中地区，其主要鉴别特征为：菌盖表面光滑，白色，湿润时表面具有辐射状透明条纹。

35 高粉褶菌

Entoloma altissimum (Massee) E. Horak

【形态特征】菌盖直径3.5~5 cm，斗笠形、中央凸出；干，蓝色至蓝紫色，伤后稍变绿色，上密生褐色绒毛，尤以中部为多，有条纹；菌肉深蓝色，伤后变绿色，薄，有辣味。菌褶弯生，稀疏，宽，不等长，深蓝色，成熟时略带担孢子的粉红色，伤后变绿色。菌柄近柱状，长5~7 cm，直径0.3~0.5 cm，淡蓝色至蓝色，有褐色绒毛或毛及条纹，脆骨质，空心。担孢子近方形，宽7.7~10 μm，具尖突，淡粉红色。

【生态习性】夏秋季单生至散生于阔叶林中地上。

【食用价值】食毒不明，不建议食用。

【讨论】该物种（及其近缘类群）因通体蓝色且菌柄细长而成为网红“蓝瘦香菇”的原型，主要分布于华南地区。为江西省新记录种。

36 地中海粉褶蕈

Entoloma mediterraneense Noordel. & Hauskn.

【形态特征】菌盖直径1.5~3.5 cm，凸镜形，中部略凹陷，无条纹或具不明显条纹；深灰色至灰褐色，略带灰蓝色，中部近黑褐色，被灰褐色小鳞片，边缘小鳞片渐稀至具短纤毛；菌肉近中部厚0.5 mm，灰白色。菌褶弯生，具短延生小齿，较密，薄，幼时白色，成熟后变为粉色，具3行小菌褶，褶缘不规则，与褶面同色或浅蓝色。菌柄圆柱形，长4.5~5.5 cm，直径0.3~0.4 cm，空心，近污白色至深灰蓝色，具短绒毛或霜状物，基部具白色菌丝体。担孢子8~11 × 6~7.5 μm，5~6角，异径，淡粉红色。

【生态习性】夏秋季生于阔叶林中地上。

【食用价值】食毒不明，不建议食用。

【讨论】该种的主要鉴别特征为：菌盖中部略凹陷，中部近黑褐色，被灰褐色小鳞片，边缘小鳞片渐稀至具短纤毛。

37 穆雷粉褶蕈

Entoloma murrayi (Berk. & M.A. Curtis) Sacc. & P. Syd.

【形态特征】菌盖直径2~4 cm，斗笠形至圆锥形，顶部具显著长尖突或乳突，光滑或具纤毛，成熟后略具丝状光泽，具条纹或浅沟纹，浅黄色至黄色或鲜黄色，有时带柠檬黄色；菌肉薄，近无色。菌褶宽达5 mm，直生或弯生，较稀，具2~3行小菌褶，与菌盖同色至带粉红色。菌柄圆柱形，长4~8 cm，直径0.2~0.4 cm，空心，光滑至具纤毛，黄白色、浅黄色至接近菌盖颜色，有细条纹，向下稍膨大。担孢子宽7~9.5 μm，方形，厚壁，淡粉红色。

【生态习性】夏秋季散生至群生于针阔混交林中地上。

【食用价值】食毒不明，不建议食用。

【讨论】本种在我国主要分布于辽宁、江西、湖南、广西及贵州等省区。

38　近江粉褶菌

Entoloma omiense (Hongo) E. Horak

【形态特征】菌盖直径3~4 cm，黄褐色，菌肉薄，半透明，易碎；初圆锥形，后斗笠形至近钟形，中部常稍尖或稍钝，浅灰褐色至浅黄褐色，具条纹，光滑；菌肉薄，白色。菌褶宽达5~7 mm，直生，较密，薄，幼时白色，成熟后粉红色至淡粉黄色，具3~4行小菌褶。菌柄长5~14 cm，直径0.3~0.4 cm，圆柱形，近白色至与菌盖颜色接近，光滑，基部具白色菌丝体。担孢子9.5~12.5 × 9~11.5 μm，多角形，淡粉红色。

【生态习性】夏秋季单生或散生于阔叶林中地上。

【食用价值】有毒。

【讨论】误食近江粉褶菌，短时间内即可出现严重的肠胃型中毒及一定程度的神经精神型中毒症状。该种主要特征为：菌盖中部常稍尖或稍钝，具条纹，光滑；担孢子5~6角形，多五角，等径至近等径。

39 喇叭状粉褶菌

Entoloma tubaeforme T.H. Li *et al.*

【形态特征】菌盖直径1.6~4 cm，明显中凹，漏斗形至喇叭状，被放射状纤毛或条纹，淡灰橙褐色至深褐色，边缘渐浅，中央凹陷处被深褐色细微鳞片，边缘渐光滑，干；菌肉白色，薄。菌褶延生，宽达6 mm，初白色，成熟后粉红色，密，不等长，具小菌褶。菌柄圆柱形，长2.2~4 cm，直径0.2~0.4 cm，中生，近白色至带菌盖颜色，有时水渍状，常被白色细绒毛，基部菌丝白色。担孢子8~11 × 6~9 μm，异径，4~6角，厚壁。

【生态习性】夏秋季群生于针阔混交林中地上。

【食用价值】食毒不明，不建议食用。

【讨论】该物种主要分布华南地区，因菌盖中央明显凹陷呈喇叭状而得名。为江西省新记录种。

40 变绿粉褶菌

Entoloma virescens (Sacc.) E. Horak ex Courtec.

【形态特征】菌盖直径2~3 cm，幼时圆锥形或凸镜形，成熟后稍平展，被纤维状小鳞毛；蓝色、蓝绿色，伤后变绿色至绿褐色，具不明显条纹；菌肉厚约1 mm，与菌盖同色。菌褶宽达4~6 mm，弯生，稍稀，幼时蓝色或与菌盖同色，成熟后略带粉色，具2~3行小菌褶。菌柄圆柱形，长4~7 cm，直径0.3~0.5 cm，具纵条纹或被纤毛，与菌盖同色或稍浅，伤后变绿色至绿褐色，基部稍膨大，具白色菌丝体。担孢子宽9~12 μm，方形，尖突明显，淡粉红色。

【生态习性】夏秋季单生或群生于阔叶林中地上。

【食用价值】食毒性不明。

【讨论】该物种和高粉褶菌形态相近，但可通过菌盖表面有无纤维状鳞毛和孢子大小进行区分。主要分布于华中和华南地区，为江西省新记录。

41　褐黄老伞

Gerronema strombodes (Berk. & Mont.) Singer

【形态特征】菌盖直径2~4 cm，幼时半球形，成熟后中央凹陷呈漏斗状，灰黄褐色至浅黄褐色，边缘内卷，有条纹。菌褶稀疏，污白色至粉黄色，直生，不等长。菌柄圆柱形，长2~5 cm，直径0.2~0.3 cm，中空。担孢子6~8 × 4~5.5 μm，椭圆形至卵圆形，光滑，无色。

【生态习性】夏秋季单生或散生于阔叶林中地上。

【食用价值】食毒不明，不建议食用。

【讨论】本种在我国主要分布于华中地区。

42 热带紫褐裸伞

Gymnopilus dilepis (Berk. & Broome) Singer

【形态特征】菌盖直径3~7 cm，紫褐色，中央被褐色至暗褐色直立鳞片；菌肉淡黄色至米色，味苦。菌褶宽约6 mm，直生，亮黄色至橙黄色，稍密，褐黄色至淡锈褐色。菌柄长2~4 cm，直径2~6 mm，中生，中空，褐色至紫褐色，有细小纤丝状鳞片；菌环丝膜状，易消失。担孢子6~8 × 4.5~5.6 μm，椭圆形，宽椭圆形或卵形，黄褐色，壁稍加厚，无芽孔。担子20~30 × 6~8.8 μm，棒状，无色或具黄褐色内含物，具4个担子小梗。

【生态习性】夏秋季生于腐木上。

【食用价值】有毒，神经精神型。

【讨论】热带紫褐裸伞因含裸盖菇素psilocybin，误食容易产生幻觉。该物种原描述于热带，又称变色龙裸伞。

43 栎裸脚菇

Gymnopus dryophilus (Bull.) Murrill

【形态特征】菌盖直径2~5 cm，初期凸镜形，后期平展；赭黄色至浅棕色，中部颜色较深，表面光滑，边缘平整至近波状水渍状；菌肉白色，伤不变色。菌褶离生，稍密，污白色至浅黄色，不等长，褶缘平滑。菌柄长3~10 cm，直径0.3~0.4 cm，圆柱形，脆，黄褐色。担孢子5~6.5 × 2.5~3.5 μm，椭圆形，光滑，无色，非淀粉质。

【生态习性】夏秋季簇生于林中地上。

【食用价值】慎食。

【讨论】该种广泛分布于中国各地区，《中国食用菌名录》记载可食用，但也有报道称其可引起胃肠炎型中毒。

44 小孢滑锈伞

Hebeloma parvisporum Sparre Pedersen *et al.*

【形态特征】菌盖直径7~12 cm，凸镜形至平展；表面干或微黏，红褐色至黑褐色，边缘有灰白色至黄褐色的菌幕残余，形成一环带；菌肉白色，受伤不变色。菌褶直生，密，幼时灰白色至浅灰色，后粉红色或灰红色至紫色，孢子成熟后变为葡萄红色至紫褐色。菌柄近圆柱形，长7~15 cm，直径0.9~3 cm，向基部逐渐变大，老后中空；菌柄表面干燥，上覆纤维状至絮状鳞片，鳞片常常连接形成条带；菌环易脱落，成熟后在菌柄中上部留下环带痕迹。担孢子6.5~8.5 × 5~6.5 μm，杏仁状至近椭圆形，紫褐色，壁上具疣。

【生态习性】夏秋季群生于阔叶林中地上。

【食用价值】可食。

【讨论】本种2020年原描述于越南，在我国海南省也有分布。为江西省新记录种。

舒敏瑞　供图

45　绯红湿伞

Hygrocybe coccinea (Schaeff.) P. Kumm.

【形态特征】菌盖直径2~5 cm，初期圆锥形，后渐伸展，中部锐突；胶黏，很快变干，外表皮常破裂为纤维状绒毛，盖边缘常破裂上翘，幼时中部红棕色或橙黄色，边缘色淡，成熟后变为橄榄灰色至黑色，伤后迅速变为黑色。菌肉薄，初期淡红棕色，渐变为灰黑色，伤后变黑色。菌褶离生，稍密，薄，污白色至橙黄色，老后黑色，边缘通常锯齿状。菌柄长5~11 cm，直径0.5~1.1 cm，空心，圆柱形，常扭曲，湿润或干，不黏，质地极脆，上部暗红色或橙黄色，基部污白色，伤后和老后变黑色。担孢子9.5~11 × 5~7 μm，椭圆形，光滑，无色。囊状体缺失。

【生态习性】夏秋季散生至群生于林中地上。

【食用价值】有毒。

【讨论】本种在国内主要分布于华中和华南等地区。其主要鉴别特征为：子实体成熟后变为橄榄灰色至黑色，伤后迅速变为黑色。

46 裂丝盖伞

Inocybe rimosa (Bull.) P. Kumm.

【形态特征】菌盖直径可达3~6.5 cm，幼时钟形，后平展，中部锐突；草黄色，细缝裂至开裂；菌肉白色至淡黄褐色。菌褶较密，窄，直生至近离生，草黄色、黄褐色至橄榄色，边缘色淡。菌柄长6~9 cm，直径0.3~0.5 cm，圆柱形，等粗，实心，白色至黄色，顶部具屑状鳞片，向下渐为纤维状鳞片；幼时可见菌幕残留，菌幕易消失。担孢子9.5~14.5 × 6~8.5 μm，长椭圆形至豆形，光滑，褐色。

【生态习性】夏秋季散生于多种阔叶林和针叶林中地上。

【食用价值】有毒，神经精神型。

【讨论】本种在我国分布较为广泛，可见于东北、华北、西北和华中等地区。

47 蓝紫蜡蘑

Laccaria moshuijun Popa & Zhu L. Yang

【形态特征】菌盖直径1~3 cm，扁半球形至平展，成熟后中央略凹陷；表面灰紫色，被灰白色细绒毛；菌肉薄，灰紫色。菌褶直生，稀疏，深紫色，高0.3~0.5 cm。菌柄中生，质脆，长柱状，长2~7 cm，直径0.3~0.8 cm，表面与菌盖同色，被灰白色微细绒毛；基部菌丝略带紫色。无特殊气味和味道。担孢子近球形，直径7~10 μm，表面具刺。

【生态习性】夏秋季群生于针阔混交林中地上。

【食用价值】可食用。

【讨论】蓝紫蜡蘑原描述自云南，俗称“墨水菌”“紫皮条菌”，系江西省新记录种。该物种容易和有毒的淡紫丝盖伞*Inocybe lilacina*混淆，但后者成熟后菌褶灰褐色，应注意区分，避免误食。

48 水液乳菇

Lactarius aquosus H.T. Le & K.D. Hyde

【形态特征】菌盖直径3~6 cm，初期扁半球形，后渐平展，中部稍凹陷；褐色至深褐色，表面具弱环纹，边缘渐浅呈黄褐色，水浸状，稍具油脂；菌肉薄，污白色稍带黄色。菌褶稍弯生，密，幼时淡黄色，成熟后淡黄色至淡橙色，伤后变为褐色。菌柄长3~8 cm，直径0.5~1.5 cm，近圆柱形，等粗或基部渐粗，实心，表面光滑，干燥，棕色至棕黄色，基部渐浅。乳汁奶白色至奶黄色，乳清样或渐变为水样，略有苦涩味道。担孢子7~8.5 × 5.5~7 μm，椭圆形，非淀粉质，表面具小疣点和短条脊。

【生态习性】夏秋季单生至散生于混交林中地上。

【食用价值】不建议食用。

【讨论】水液乳菇原描述自泰国，因乳汁透明清亮似水样而得名，分布于热带和亚热带地区，系江西省新记录种。

49 黑边乳菇

Lactarius atromarginatus Verbeken & E. Horak

【形态特征】菌盖直径5~15 cm，初期扁半球形，后平展中部下凹呈漏斗形，表面干燥，具皱纹，潮湿时不粘，暗褐色到黄棕色。菌褶白色至淡黄色，稍密，不等长，伤后变紫灰色。乳汁丰富，白色，后变为淡紫色。菌柄长3~6 cm，直径0.5~1 cm，圆柱形，黄褐色到淡棕色，向底部渐浅。担孢子7.2~10.6 × 7.2~10 μm，球形至近球形，具网状纹饰，淀粉质。

【生态习性】夏秋季生于壳斗科植物为主的林中地上。

【食用价值】食毒不明，不建议食用。

【讨论】该种为原描述于新几内亚，主要分布于热带，系江西省新记录种。其主要鉴别特征为：菌盖表面具皱纹以及变淡紫色的子实体（伤后）和乳汁。

50 细弱乳菇

Lactarius gracilis Hongo

【形态特征】菌盖直径2~4 cm，幼时中心具锥状尖突，成熟后下陷，边缘具流苏状绒毛，表面干，龟裂为小裂块，常呈同心环纹状开裂，中心褐色，边缘近褐橙色，有时肉桂色，幼时较深或较浅。菌褶延生，幼时密，成熟后近密，较菌盖色淡。菌柄长4~5 cm，直径0.2~0.4 cm，圆柱状，等粗或者基部稍膨大，空心；表面光滑，色同菌盖或稍浅；基部具密集伏毛。乳汁白色，不变色，柔和。担孢子7.5~8.5 × 6.5~7.5 μm，宽椭圆形至椭圆形，具网状纹饰。

【生态习性】夏秋季散生至群生于针叶林和针阔混交林中地上。

【食用价值】食毒不明，不建议食用。

【讨论】该种原描述于日本，在我国主要分布于江西、广东、贵州及云南等省份。其主要特征为：幼时菌盖中心具锥状尖突，成熟后下陷，边缘具流苏状绒毛。

51　红汁乳菇

Lactarius hatsudake Nobuj. Tanaka

【形态特征】菌盖直径4~10 cm，扁半球形，后伸展，扁平，下凹或中央脐状，最后呈浅漏斗形，表面光滑，稍黏，肉红色或杏黄肉色，受伤时渐变为蓝绿色，有色较深的同心环带，菌盖边缘初期内卷，后平展上翘；菌肉粉肉红色，脆，伤后渐变为蓝绿色。乳汁血红色，渐变为蓝绿色。菌褶近延生，稍密，分叉，与菌盖同色，伤后变为蓝绿色。菌柄长3~6 cm，粗1~2.5 cm，与菌盖同色，圆柱形，往往向下渐细，中空。担孢子7.8~10 × 6~7 μm，宽椭圆形，近无色，有疣和不完整网纹，孢子印浅黄白色。

【生态习性】夏秋季生于松林下。

【食用价值】可食。

【讨论】在赣西北，该种是深受欢迎的食用菌之一，在靖安、奉新等地被称为“血菇”；又因生于松林下，也被称为“松菌”“松毛菌”。

52 靓丽乳菇

Lactarius vividus X.H. Wang *et al.*

【形态特征】菌盖直径2~9 cm，平展中部稍具凹陷，表面湿润，稍油腻，具明显或微弱的同心圆，浅黄色至黄棕色，夹杂部分蓝绿色；菌肉厚2~8 mm，淡黄色，伤不变色。菌褶宽2~7.5 mm，较厚，菌褶稍稀疏，直生至稍延生，浅黄色至橙色，老后或伤后不变绿。菌柄长2.5~5.5 cm，直径0.9~2.5 cm，圆柱形，上下等粗或基部渐细，湿润，浅黄色至与褶同色，伤不变色，顶端颜色较浅，基部具淡黄色或淡绿色绒毛。担孢子7~10 × 5.5~7 μm，椭圆形，表面具条脊和不规则疣凸。

【生态习性】夏秋季单生至散生于松林中地上。

【食用价值】可食。

【讨论】该种原描述于中国，主要分布在华中和华南地区。

53 长盖毛多汁乳菇

Lactifluus longipilus Van de Putte *et al.*

【形态特征】菌盖直径4~11 cm，初期扁半球形，后渐平展至中凹呈漏斗状；中央深棕色到微红棕色，至边缘颜色渐浅或与中心同色，不黏，无环带，平滑或稍带细绒毛；菌肉乳白色，伤后变淡褐色，硬脆，肥厚致密。乳汁白色，黏稠，不变色。菌褶近延生，密，不等长，白色或变淡黄色。菌柄长3~9 cm，直径1~1.5 cm，近圆柱形，与菌盖同色或稍淡，内实，光滑或呈细绒毡状。担孢子8~10 × 7~9 μm，近球形，表面具有完整的网纹，淀粉质，子实层具丰富的厚壁囊状体。

【生态习性】夏秋季散生至群生于壳斗科与松属林中地上。

【食用价值】食毒性不明。

【讨论】该物种于2010年由泰国学者描述，因菌盖表皮菌丝末端细长如发而得名。为江西省新记录种。

54 宽囊体多汁乳菇

Lactifluus pinguis (Van de Putte & Verbeken) Van de Putte

【形态特征】菌盖直径4~8 cm，幼时半球形，成熟后平展至中央凹陷，盖缘整齐；表面干，幼时光滑或略具褶皱，成熟后具褶皱，黄白色至浅黄色，未成熟时中央浅橙色，边缘浅黄色；菌肉薄，黄白色，受伤后变浅棕色。菌褶延生，密集，白色至奶油色，伤后变淡棕色，不等长。乳液丰富，粘稠，白色。菌柄长4~9.5 cm，直径1~1.5 cm，近圆柱形，通常向基部略微逐渐变细；表面干燥，与菌盖同色。担孢子8~10.5 × 7.5~10 μm，近球形，表面具疣状网纹，淀粉样，囊状体较宽且厚壁。

【生态习性】夏秋季生于阔叶林中地上。

【食用价值】食毒不明，不建议食用。

【讨论】该物种原描述自泰国，因囊状体宽且厚壁而得名。为江西省新记录种。

55 辣多汁乳菇

Lactifluus piperatus (L.) Kuntze

【形态特征】菌盖直径5~15 cm，初期扁半球形，中央呈脐状，最后下凹呈漏斗形；白色或稍带浅污黄白色或黄色，表面光滑或平滑，不黏或稍黏，脆，无环带，边缘初期内卷，后平展，盖缘渐薄微上翘，有时呈波状；菌肉厚，白色，质脆，伤后不变色或微变浅土黄色，有辣味。菌褶白色或蛋壳色，狭窄，极密，不等长，分叉，近延生，后变为浅土黄色。乳汁白色不变色，味极辣。菌柄长3~6 cm，直径1.5~3 cm，短粗，白色，圆柱形，等粗或向下渐细，无毛。担孢子6.5~8.5 × 5.5~7 μm，近球形或宽椭圆形，无色，淀粉质，表面细弱的条脊和疣凸相连为不完整的网纹。

【生态习性】夏秋季散生至群生于针叶林或针阔混交林中地上。

【食用价值】可食。

【讨论】辣多汁乳菇又称“石灰菌”“白奶浆菌”，在赣西北有采食习惯。但该种和有毒的日本红菇*Russula japonica*形态相近，应注意区分：该种受伤后流出大量白色乳汁，味道辛辣至极辣。

56 粗壮多汁乳菇

Lactifluus robustus Yu Song *et al*.

【形态特征】菌盖直径2~10 cm，平展至反卷，中央稍凹陷；表面具褶皱，浅褐色至褐色；菌肉薄，白色，受伤后不变色。菌褶延生，稀疏，白色，受伤后不变色，不等长。乳汁白色，不变色或变为水液样。菌柄长3~8 cm，直径0.5~1.7 cm，近圆柱形，通常向基部逐渐变细；表面与菌盖同色或稍深。孢子印白色，担孢子8~11.5 × 7.5~10 μm，近球形或宽椭圆形，表面由较规则的脊形成完整网纹。

【生态习性】夏秋季散生于阔叶林中地上。

【食用价值】可食。

【讨论】粗壮多汁乳菇原描述自广东省，因菌柄粗壮而得名，分布于我国南方省区。系江西省新记录种。

茅义林 供图

57 香菇

Lentinula edodes (Berk.) Pegler

【形态特征】菌盖直径5~12 cm，呈扁半球形至平展；浅褐色、深褐色至深肉桂色，具深色鳞片，边缘处鳞片色浅或污白色，具毛状物或絮状物，干燥后的子实体有菊花状或龟甲状裂纹；菌缘初期内卷，后平展，早期菌盖边缘与菌柄间有淡褐色棉毛状的内菌幕，菌盖展开后，部分菌幕残留于菌缘；菌肉厚或较厚，白色，柔软而有韧性。菌褶白色，密，弯生，不等长。菌柄3~10 × 0.5~3 cm，中生或偏生，常向一侧弯曲，实心，坚韧，纤维质；菌环窄，易消失，菌环以下有纤毛状鳞片。孢子4.5~7 × 3~4 μm，椭圆形至卵圆形，光滑，无色。

【生态习性】夏秋季单生或群生于阔叶林腐木上。

【食用价值】常见食用菌。

【讨论】该种为著名栽培食用菌，分布于我国大部分地区。图为九岭山区群众依托当地生态优势，利用椴木栽培香菇。

58　合生香菇

Lentinus connatus Berk.

【形态特征】菌盖直径3~16 cm，中部下凹至漏斗形，有微细绒毛或近光滑，干后土黄色或浅土黄色；菌肉白色，坚韧。菌褶延生，污白色或与菌盖同色，稠密，窄，不等长，干后颜色较菌盖深。菌柄圆柱形，长3~18 cm，直径1~3.5 cm，偏生至近中生，近白色至淡褐色，被绒毛或小鳞片，实心。担孢子5~6 × 2.5~3.5 μm，椭圆形，光滑。

【生态习性】夏秋季散生于阔叶林中腐木上。

【食用价值】幼时可食。

【讨论】该种为世界性广布种，在生物降解、免疫抑制和增强植物抗病虫害等方面具有开发潜力。在我国主要见于华南地区，为江西省新记录。

59 美洲白环蘑

Leucoagaricus americanus (Peck) Vellinga

【形态特征】菌盖直径7~9 cm，初期半球形至扁半球形，后逐渐平展、中部稍突起，表面具环形排列的浅褐色绒毛状鳞片；菌肉白色，近表皮下带黄褐色，薄，受伤后变胡萝卜色、锈红色。菌褶离生，白色，密，不等长。菌柄长6~9 cm，直径0.7~1 cm，圆柱形，表面受伤后亦变为锈红色；基部膨大为椭球形，直径可达1.5 cm。菌环白色，膜质，边缘红褐色，生于菌柄中部。孢子印白色。孢子8~10 × 6~7.5 μm，卵圆形或椭圆形，无色，光滑，薄壁，拟糊精质。

【生态习性】夏秋季散生于针阔混交林下。

【食用价值】有毒。

【讨论】该种因原描述自北美而得名。菌肉受伤后变为胡萝卜色、锈红色是其主要鉴别特征之一。该种在我国主要见于华东地区，系江西省新记录。

60 滴泪白环蘑

Leucoagaricus lacrymans (T.K.A. Kumar & Manim.) Z.W. Ge & Zhu L. Yang

【形态特征】菌盖直径2~6 cm，幼时钝圆锥形，后平凸形至平展形；白色至米色，上被细小的褐色至紫褐色鳞片，鳞片向菌盖边缘渐稀疏，边缘具不明显的短细条纹；菌肉白色至近白色，受伤变淡橙色。菌褶离生，密，白色至米黄色，不等长。菌柄长5~10 cm，直径0.3~0.5 cm，近圆柱形，中空；表面污白色至淡褐色，分泌大量棕褐色液滴；菌环上位，膜质，褐色，宿存或易撕破；基部菌丝白色。担孢子8.5~10.5 × 6~7.5 μm，椭圆形，无色，壁厚，表面光滑，拟糊精质。

【生态习性】夏秋季单生或群生于阔叶林中地上。

【食用价值】食毒不明，不建议食用。

【讨论】该种最早描述于印度，在国内，主要分布于华南和东南地区，为江西省新记录种。

61 红鳞白环蘑

Leucoagaricus rubrotinctus (Peck) Singer

【形态特征】菌盖直径3~8 cm，初期半球形至扁半球形，渐平展后中部稍突起，表面具暗红褐色绒毛状鳞片及红褐色条纹，后期边缘破裂；菌肉白色，近表皮下带红色，薄。菌褶离生，白色，密，不等长。菌柄长5.5~7.5 cm，直径3~5 cm，圆柱形，下部稍弯曲，空心；菌环白色，膜质，边缘红褐色，生于菌柄中上部。孢子印白色，孢子6.5~8 × 4~4.5 μm，卵圆形或近梭状椭圆形，无色，光滑，薄壁，拟糊精质。

【生态习性】夏秋季散生于针阔混交林中腐木上。

【食用价值】食毒不明，不建议食用。

【讨论】该种在我国分布于东北、华中和华南等地区，其主要鉴别特征为：菌盖表面具暗红褐色细鳞片及丝样条纹，后期边缘撕裂。

62 橙褐白环蘑

Leucoagaricus tangerinus Y. Yuan & J.F. Liang

【形态特征】菌盖直径2~5 cm，较平展；表面橘黄色、土褐色至棕红色，上覆一层细绒质鳞片；盖缘棱纹明显；菌肉白色，薄、质脆。菌褶离生，淡黄色，高0.3~0.6 cm。菌柄中生，近柱状，长4~7 cm，直径0.3~0.5 cm，基部稍膨大；淡黄色，菌环生于中上部，菌环以下部位颜色较深且被橘红色鳞片；基部菌丝白色。无特殊气味和味道。担孢子6.5~7 × 4~4.5 μm，椭圆形至卵圆形，光滑，拟糊精质。

【生态习性】夏季散生于阔叶树林下。

【食用价值】食毒不明，不建议食用。

【讨论】橙褐白环蘑原描述自我国云南省，因其菌盖表面鳞片颜色而得名。该物种在福建和广东也有分布，为土壤腐生类群。为江西省新记录。

63 石灰白鬼伞

Leucocoprinus cretaceus (Bull.) Locq.

【形态特征】菌盖直径4~9 cm，幼时近球形，后逐渐平展；雪白，密被米白至浅黄色绒毡样鳞片后逐渐撕裂呈屑絮状，盖缘稍内卷；菌肉白色，薄。菌褶离生，白色，较密。菌柄长9~12 cm，直径0.7~1 cm，中生，由上至下渐粗，基部膨大，直径可达1.5~2 cm，表面与菌盖同色，白色屑絮状鳞片脱落后露出浅黄色本底，中空、质脆；菌环生于菌柄上部，白色、膜质，易脱落。孢子印白色，担孢子6~12 × 4.5~7 μm，椭圆形，光滑。

【生态习性】夏秋季散生或丛生于混交林下腐殖质上。

【食用价值】食毒不明，不建议食用。

【讨论】石灰白鬼伞在热带和亚热带地区分布广泛，因通体白色、形似石灰而得名。系江西省新记录种。

64 易碎白鬼伞

Leucocoprinus fragilissimus (Ravenel ex Berk. & M. A. Curtis) Pat.

【形态特征】菌盖直径2~4.4 cm，初期钟形，后渐平展至下凹，具条纹，白色至淡黄色，成熟后变透明；菌肉白色，薄。菌褶离生，薄，白色。菌柄长6~10 cm，直径0.1~0.2 cm，圆柱形，易碎，中生，亮黄色，表面具零散的小鳞片；菌环位于菌柄中上部，白色，小，膜质。孢子印白色，孢子9~12.7 × 6.5~10 μm，宽椭圆形至近圆形，光滑，无色，薄壁。

【生态习性】夏秋季单生或散生于针阔混交林中地上。

【食用价值】有毒。

【讨论】该种最早描述于美国，为世界广布种。在江西省各地均较常见。

65 高大环柄菇

Macrolepiota procera (Scop.) Singer

【形态特征】菌盖直径7~30 cm，初卵圆形，后平展具中突；中部褐色，有锈褐色棉絮状鳞片，边缘污白色，不黏；菌肉白色菌褶离生，较密，白色。菌柄长13~40 cm，直径0.8~1.5 cm，圆柱形，与菌盖同色，具褐色细小鳞片，基部膨大呈球形；菌环上位，易脱落。担孢子14~18 × 10~12 μm，卵圆形至宽椭圆形，光滑，无色，拟糊精质。

【生态习性】夏秋季单生或散生于草地或林缘地上。

【食用价值】可食。

【讨论】高大环柄菇在我国较为常见。该种与毒蘑菇——大青褶伞*Chlorophyllum molybdites*形态相近，但后者子实体较矮且成熟后菌褶和孢子印为青色。

66　皮微皮伞

Marasmiellus corticum Singer

【形态特征】菌盖宽0.5~4 cm，平展，凸镜形至扇形，中央下凹；膜质，干后胶质，白色，半透明，被白色细绒毛，具辐射沟纹或条纹；菌肉膜质，白色。菌褶直生，白色，稍稀，不等长。菌柄长0.3~0.9 cm，直径0.1~0.2 cm，圆柱形，偏生，常弯曲，白色，被绒毛，基部菌丝体白色至黄白色。担孢子7~10 × 4~5.5 μm，椭圆形，光滑，无色。

【生态习性】夏秋季群生于针阔混交林腐木或竹竿上。

【食用价值】食毒不明，不建议食用。

【讨论】皮微皮伞和纯白微皮伞*Marasmiellus candidus*形态相近，但后者菌柄基部灰褐色至灰黑色。该种在我国主要见于华南地区。

67 树生微皮伞

Marasmiellus dendroegrus Singer

【形态特征】菌盖直径0.6~2 cm，淡黄褐色至褐色，平展至平展脐凹或突出脐凹，膜质，有辐射状沟纹；菌肉微黄褐色，极薄，无味。菌褶直生，不等长，有分叉，黄褐色至橙褐色或褐色。菌柄长0.7~2.5 cm，直径0.1~0.2 cm，圆柱形，中生至偏生，黄色至黄褐色，空心，黄色菌索发达。担孢子5~7 × 3~4 μm，椭圆形至梨核形，光滑，无色。

【生态习性】夏秋季单生或群生于阔叶林腐木上。

【食用价值】食毒不明，不建议食用。

【讨论】树生微皮伞因见于腐木上且菌柄基部黄色菌索较发达而较易鉴别。该种在我国主要分布于华南地区，为江西省新记录种。

68 钟形小皮伞

Marasmius bellipes Morgan

【形态特征】菌盖直径1~4 cm，初期钟形至锥形，后平展；淡粉红色至淡粉紫色，向中央逐渐过渡到黄褐色，光滑，有明显的放射状沟纹；菌肉白色，极薄。菌褶近白色，弯生，宽，稀，不等长。菌柄长4~7 cm，直径0.1~0.2 cm，质韧，上部淡紫色，下部渐变为黑褐色。孢子10~12 × 3~4 μm，无色，光滑，椭圆形。

【生态习性】夏秋季群生于落叶层上。

【食用价值】食毒不明，不建议食用。

【讨论】该种原产北美，在我国主要见于华南地区。

69 巧克力小皮伞

Marasmius coklatus Desjardin *et al.*

【形态特征】菌盖直径2~3.5 cm，凸镜形具脐突至平展具脐突，有弱的条纹，中央黑褐色或暗棕褐色，边缘棕褐色至淡褐色；菌肉薄，白色至同菌盖颜色。菌褶附生至直生，稍稀，不等长，有横脉。菌柄长4.5~7.5 cm，直径0.4~0.5 cm，顶端褐色，基部暗褐色；基部菌丝体白色，绒毛状。担孢子8~11 × 4.5~7 μm，椭圆形，光滑，透明，非淀粉质。

【生态习性】夏秋季群生于落叶层上。

【食用价值】食毒不明，不建议食用。

【讨论】该物种原描述自印度尼西亚，在我国见于华南和西南地区，为江西省新记录。

70 红盖小皮伞

Marasmius haematocephalus (Mont.) Fr.

【形态特征】菌盖直径0.5~2.5 cm，初期为钟形，后凸镜形至平展，具脐突；红褐色至紫红褐色，密生微细绒毛，有弱条纹或沟纹；菌肉薄。菌褶初白色，后转淡粉色，弯生至离生，稍稀，少小菌褶。菌柄长3~5 cm，直径0.1~0.2 cm，质韧，深褐色或暗褐色，近顶部黄白色，基部稍膨大呈吸盘状且具白色菌丝体。担孢子16~26 × 4~5.6 μm，近长梭形，光滑，无色。

【生态习性】夏秋季群生于阔叶林中落叶层上。

【食用价值】食毒不明，不建议食用。

【讨论】红盖小皮伞因菌盖红色而得名，该种在我国主要见于东北、华中和华南等地区。因菌柄柔韧、防水性较好，该属包括红盖小皮伞在内的一些物种会被鸟类采集用来筑巢。

71 大盖小皮伞

Marasmius maximus Hongo

【形态特征】菌盖直径3.5~10 cm，初为钟形或半球形，后平展，常中部稍突起；表面稍呈水渍状，有辐射状沟纹呈皱褶状，黄褐色至棕褐色，中部常深褐色，四周多少褪色至淡褐色或淡黄色，有时近黄白色，干后甚至近白色；菌肉薄，半肉质到半革质。菌褶宽2~7 mm，直生、凹生至离生，较稀，不等长，比菌盖色浅。菌柄长5~9 cm，直径0.2~0.4 cm，等粗，质硬，上部被粉末状附属物，实心。担孢子7~9 × 3~4 μm，近纺锤形至椭圆形，光滑，无色，非淀粉质。

【生态习性】夏秋季散生至群生于阔叶林中落叶层上。

【食用价值】可食用。

【讨论】该种最早描述于日本，是小皮伞属中菌盖直径较大的物种。在我国大部分地区均有分布。

72 苍白小皮伞

Marasmius pellucidus Berk. & Broome

【形态特征】菌盖直径3~4 cm，尖圆锥形、凸镜形或钟形至宽凸镜形、宽钟形至平展，中央常凹陷，有皱纹或有网纹，边缘有条纹至沟纹；菌盖表面中心部位淡橙白色，周围奶白色；菌肉薄，白色。菌褶直生至弯生，密。菌柄近圆柱形，长1~9 cm，直径0.1~0.2 cm，表面上半部分白色，下半部分橙褐色至深褐色，空心；基部有白色绒毛。担孢子6~7 × 3~3.5 μm，扁桃形至拟梭形，透明，壁薄，表面光滑。

【生态习性】夏秋季群生于阔叶林中落叶层上。

【食用价值】食毒不明，不建议食用。

【讨论】该种原描述于斯里兰卡，在我国主要分布于华南地区。其主要鉴别特征为：菌盖白色，菌柄顶部白色、中下部黄褐色。

73 紫红小皮伞

Marasmius pulcherripes Peck

【形态特征】菌盖直径0.5~2 cm，幼时钟形成熟后半球形；粉色至红褐色，表面光滑，具明显沟槽；菌肉薄，白色。菌褶贴生至稍离生，稀疏，白色至稍带粉色。菌柄长2~6 cm，直径0.1~0.2 cm，干燥，上部淡粉色，下部黑褐色，光滑。基部菌丝白色。孢子11~15 × 3~4 μm，光滑，近纺锤形。

【生态习性】夏秋季散生至群生于阔叶林中落叶层上。

【食用价值】食毒不明，不建议食用。

【讨论】紫红小皮伞与红盖小皮伞形态接近，但后者菌盖表面被微细绒毛且孢子较大。该种在我国主要分布于东北、华中和华南等地区。

74 宽褶大金钱菌

Megacollybia platyphylla (Pers.) Kotl. & Pouzar

【形态特征】菌盖直径5~11 cm，扁半球形至平展，老时边缘上翘；灰白色至灰褐色，表面干，有纤毛和放射状细条纹；菌肉白色，较薄。菌褶白色，很宽，直生至近延生，稀，不等长。菌柄长6~11 cm，直径0.8~1.5 cm，纤维质，上部白色，向下渐变为灰褐色，基部往往有白色菌丝束。孢子7~9 × 5.5~7.5 μm，无色，光滑，卵形至宽椭圆形。

【生态习性】夏秋季单生至散生于阔叶林中地上。

【食用价值】有毒。

【讨论】该种曾被当作奥德蘑，也见于食用菌名录，应慎食。在国内主要分布于华中和华南等地区，为江西省新记录种。

75 糠鳞小蘑菇

Micropsalliota furfuracea R.L. Zhao *et al.*

【形态特征】菌盖直径2~3.5 cm，初期钝圆锥形，后伸展呈平突；污白色至稍带褐色，边缘有条纹，中央有较密的淡棕褐色平贴小鳞片，边缘小鳞片糠麸状；菌肉白色，伤后或老后变红褐色至暗褐色。菌褶离生，不等长，较棕黄褐色至棕褐色。菌柄长2~3.5 cm，直径0.3~0.4 cm，等粗，空心，纤维质，初期白色至淡黄色，伤后变红褐色，后期变暗褐色至暗紫褐色；菌环上位，单环。担孢子6~7.5 × 3~4 μm，椭圆形，光滑，褐色。

【生态习性】夏秋季生于阔叶林中地上。

【食用价值】食毒不明，不建议食用。

【讨论】该种主要特征为：菌盖中央有较密的淡棕褐色平贴小鳞片，边缘小鳞片糠麸状。

76 球囊小蘑菇

Micropsalliota globocystis Heinem.

【形态特征】菌盖直径2~6 cm，半球形至平展；被淡粉色、浅褐色至红褐色丛毛状鳞片和白色直立的纤毛；菌肉白色，厚3 mm。菌褶离生，密，不等长，宽2~4 mm，初白色，后变为灰棕色。菌柄长5~8 cm，直径3~5 mm，圆柱形，菌环以下被白色至浅灰褐色绒毛，白色，空心；菌环上位，膜质，单层，白色，伤时变淡黄色至褐色。担孢子5.4~6.5 × 3.4~4.1 μm，椭圆形，褐色，顶端增厚。

【生态习性】夏秋季单生、丛生或群生于阔叶林中地上。

【食用价值】食毒不明，不建议食用。

【讨论】 球囊小蘑菇为世界性广布种，可见于我省多地。其宏观鉴别特征为：菌盖被淡粉色、浅褐色至红褐色丛毛状鳞片和白色直立的纤毛。

77　卵孢小奥德蘑

Oudemansiella raphanipes (Berk.) Pegler & T.W.K. Young

【形态特征】菌盖直径3~7 cm，浅褐色、橄榄褐色至深褐色，光滑，湿时黏，幼时半球形，成熟后逐渐平展；中央有较宽阔的微突起或呈脐状、具辐射状条纹；菌肉较薄，肉质，白色。菌褶弯生，较宽，稍密不等长，白色。菌柄圆柱形，长6~15 cm，直径0.5~1 cm，顶部白色，其余部分浅褐色，近光滑，有纵条纹，往往呈螺旋状，表皮脆质，内部菌肉纤维质，较松软，基部稍膨大且向下延伸形成很长的假根。孢子14~18 × 12~15 μm，近球形至球形，光滑，无色。

【生态习性】夏秋季单生至散生于阔叶林中地上。

【食用价值】可食。

【讨论】该种最早描述于印度，是著名的栽培食用菌之一。

78 近地伞

Parasola plicatilis (Curtis) Redhead *et al.*

【形态特征】菌盖直径1~3 cm，初期卵圆形，渐变为钟形，后期平展；淡灰色，中部稍下陷，带褐色，边缘放射状长条纹达菌盖中央；菌肉薄，污白色。菌褶近离生，稀疏，灰色至灰黑色，薄，不自溶。菌柄圆柱形，长3~7 cm，直径0.1~0.2 cm，白色，光滑，细长，空心。担孢子10~12 × 8~10 μm，近柠檬形，黑褐色至黑色，表面光滑。有锁状联合。

【生态习性】夏秋季单生或群生于阔叶林中地上。

【食用价值】食毒不明，不建议食用。

【讨论】该物种为近地伞属的模式种，原描述自欧洲，可见于我国大部分地区。

79 巨大侧耳

Pleurotus giganteus (Berk.) Karun. & K.D. Hyde

【形态特征】菌盖直径6~20 cm，幼时扁半球形至近扁平，中央下凹，逐渐呈漏斗形至碗形；淡黄色但中央暗，干，上附有灰白色或灰黑色菌幕残留物，中部色深有小鳞片，边缘强烈内卷然后延伸，有明显或不明显条纹；菌肉白色，略有气味。菌褶延生，稍交织，不等长，稍密至密，白色至淡黄色，具3种或4种长度的小菌褶。菌柄圆柱形，长5~25 cm，直径0.6~3 cm，多中生，表面与菌盖同色，上覆有灰白色绒毛，近地面处略粗，基部向下延伸呈根状，可长达18cm；菌柄中实，菌肉白色、松软。担孢子6.5~10 × 5.5~7.5 μm，椭圆形，光滑，无色。

【生态习性】夏秋季单生至群生于阔叶林下腐木上。

【食用价值】可食。

【讨论】该种可见于华中和华南地区，商品名为猪肚菇，多地栽培。

80　网盖光柄菇

Pluteus thomsonii (Berk. & Broome) Dennis

【形态特征】菌盖直径2~4 cm，茶色至深褐色或黄褐色，具脐突至扁平或平展，突起黑色至灰色，菌盖边缘栗色至白色，菌盖表面具有放射皱纹至轻微的细脉纹，类网状隆起，周边放射状条纹；菌肉薄，膜质，白色。菌褶离生，密，初期白色或灰色，成熟时粉色至褐色。菌柄圆柱形，长2~4.5 cm，直径0.1~0.5 cm，灰白至灰褐色，表面附着茶褐色粉末状颗粒，具纵向纤维状条纹，空心。孢子印粉色。担孢子6~8 × 4~6.5 μm，近球形至广椭圆形，麦杆黄色，壁厚，光滑。

【生态习性】夏秋季单生至群生于阔叶林下腐木上。

【食用价值】食毒不明，不建议食用。

【讨论】该种在我国主要分布于华中、华南及新疆地区，其鉴别特征较明显：菌盖表面具有放射皱纹样或网状隆起，边缘则有放射状条纹。

81 单色小脆柄菇

Psathyrella conissans (Peck) A. H. Sm.

【形态特征】菌盖直径2~4 cm，半球形至扁半球形；表面粉褐色、肉色，光滑；菌肉薄，较菌盖颜色稍浅，厚约0.1~0.2 cm。菌褶稍密，肉色，弯生，不等长，高0.4~0.8 cm。菌柄中生，近柱状，质脆，长3~7 cm，直径0.3~0.6 cm，表面污白色至浅黄色，光滑；内部污白色；基部菌丝白色、绒毛样。无特殊气味和味道。担孢子7~9 × 4~5.5 μm，椭圆形，光滑。

【生态习性】夏秋季群生或簇生于腐木树桩或埋木上。

【食用价值】食毒不明，不建议食用。

【讨论】单色小脆柄菇原描述自北美，肉色的菌盖和污白色的菌柄为其主要鉴别特征。为江西省新记录。

82 丹霞山瘦脐菇

Rickenella danxiashanensis Ming Zhang & T.H. Li

【形态特征】菌盖直径1.5~3 cm，幼时钝圆锥形至凸镜形，后中部下凹，呈漏斗形；菌盖表面初期绢状，后中部具细微鳞片，边缘贝壳形或波状，幼时红棕色至橙红色，老后变淡；菌肉薄，污白色至橙黄色。菌褶延生，稍稀，橙色至黄色，褶缘平滑。菌柄长4~7 cm，直径0.3~0.5 cm，圆柱形或稍扁圆形，上下近等粗，质地脆，光滑，上部橙黄色，基部白色，初实心，后空心。担孢子4~6 × 3~3.5 μm，椭圆形，光滑，无色，非淀粉质。

【生态习性】夏秋季散生于针阔混交林苔藓丛中。

【食用价值】食毒不明，慎食。

【讨论】该物种因原描述自广东丹霞山而得名，为江西省新记录。

83 褐盖岸生小菇

Ripartitella brunnea Ming Zhang *et al.*

【形态特征】菌盖直径3~7 cm，凸镜形至平展，浅棕色、棕色、红棕色至紫褐色，被密集的棕色到深棕色的鳞片；幼时稍内卷，后平展，通常附着白色至黄白色菌幕残余。菌褶密集，宽可至8 mm，白色或黄白色，不等长，通常在两个完整的菌褶之间有5~7个不同长度的菌褶，边缘整齐且同色。菌柄长1.5~2.5 cm，直径0.5~0.8 cm，中生，圆柱形，等粗或向下渐粗，顶端为白色，下部棕色被浓密的棕色到深棕色的鳞片。担孢子4.5~6 × 3.5~4 μm，宽椭圆形到近球形，无色，具刺。

【生态习性】夏秋季生于腐木上。

【食用价值】食毒不明，不建议食用。

【讨论】褐盖岸生小菇是2019年报道于我国亚热带的新种，模式标本采集自湖南省，其主要鉴别特征是：菌盖和菌柄表面被密集的棕色到深棕色的鳞片。

84 白龟裂红菇

Russula alboareolata Hongo

【形态特征】菌盖直径4.5~8.5 cm，扁半球形、凸镜形但中央微凹，边缘幼时完整且内卷，成熟后边缘伸展；白色、粉白色至粉肉黄色，中部污白色甚至浅黄色，多带青色，湿时黏，常有不明显到稍明显的龟裂，有明显的条纹；菌肉白色至微粉红，伤不变色。菌褶较稀，贴生，白色至粉白色，等长。菌柄近圆柱形，长2.5~4.5 cm，直径0.8~1.5 cm，白色。担孢子6~7.5 × 6~7 μm，椭圆形至近圆形，具小疣和不完整弱网纹，近无色，淀粉质。

【生态习性】夏秋季单生于针阔混交林中地上。

【食用价值】食毒不明，不建议食用。

【讨论】该种原描述于日本，在国内主要见于华南地区。

85 蓝黄红菇

Russula cyanoxantha (Schaeff.) Fr.

【形态特征】菌盖直径5~14 cm，初期扁半球形至凸镜形，后期渐平展，中部下凹至漏斗形，边缘波状内卷；颜色多样，暗紫罗兰色至暗橄榄绿色，后期常呈淡青褐色、绿灰色，往往各色混杂，湿时或雨后稍黏，表皮层薄；边缘易剥离，无条纹，或老熟后有不明显条纹；菌肉白色，在近表皮处呈粉色或淡紫色，气味温和。菌褶直生至稍延生，白色，较密，不等长，褶间有横脉。菌柄长5~10 cm，直径1.5~3 cm，肉质，白色，有时下部呈粉色或淡紫色，上下等粗，内部松软。担孢子7~8.5 × 6.5~7.5 μm，宽卵圆形至近球形，表面具分散小疣，少数疣间相连，无色，淀粉质。

【生态习性】夏秋季散生至群生于阔叶林中地上。

【食用价值】可食。

【讨论】该种为北半球广布种，在我国可见于东北、华中等地区。

86 山毛榉红菇

Russula faginea Romagn.

【形态特征】菌盖直径5~10 cm，扁半球形，后平展至中部下凹，桃红色或珊瑚红色，中央色深，边缘色浅，湿时黏，条纹不明显；菌肉白色，伤不变色。菌褶白色或淡黄色，直生，较密，不等长。菌柄长3~8 cm，直径1~2.5 cm，白色，偶带淡红色，内部松软。孢子印白色，孢子无色，有小疣，近球形，6.5~9 × 6~8 μm。

【生态习性】夏秋季群生于混交林中地上。

【食用价值】可食。

【讨论】该种在国内主要分布于华中、华南等地区，为江西省新记录种。

87 小毒红菇

Russula fragilis Fr.

【形态特征】菌盖直径1.5~3 cm，初扁半球形，后近平展，中央下凹；幼时粉紫色，成熟后紫黑色，向边缘渐浅至灰粉色，表面光滑且具光泽，老时边缘具条纹，表皮易剥离；菌肉白色，具水果香味；口感辛辣，微苦。菌褶弯生，较密，白色或奶白色，等长，少数分叉，有时边缘圆锯齿状。菌柄长2.5~6 cm，直径0.5~2.2 cm，圆柱形，实心，后变松软至空心，表面具网纹，白色，老后变黄色。担孢子6.3~8.8 × 5.4~7.9 μm，近球形，具小疣，小疣间形成网纹，近无色，淀粉质。

【生态习性】夏秋季散生于针阔混交林中地上。

【食用价值】有毒。

【讨论】该种在国内主要分布于东北、华中等地区，系江西省常见毒蘑菇之一。

88 日本红菇

Russula japonica Hongo

【形态特征】菌盖直径6~13 cm，初扁半球形，后平展，后中部下凹，有时呈漏斗状，边缘内卷，钝圆；表面亮白色、污白色至污黄色，中央颜色较深，黄褐色至污褐色，有时带淡粉色色调，平滑，盖缘全缘，无条纹；菌肉厚而坚实，白色，略变奶油色，受伤后不变色。菌褶直生至稍离生，密集，有较多小菌褶，褶缘全缘，乳白色，边缘稍变浅赭色，干燥后变黄褐色，褶间略有横脉。菌柄圆柱形，长3~7 cm，直径1.5~3 cm，近基部处略有些膨大，较粗短，白色，受伤后变污黄色，表面光滑，略有皱纹，初中实，后海绵质，但较少中空。孢子无色，有小疣，近球形，6.5~7.5 × 6~7 μm。

【生态习性】夏秋季群生于混交林中地上。

【食用价值】有毒，胃肠炎型。

【讨论】该物种原描述于日本，在我国分布广泛，其与可食用的辣味多汁乳菇*Lactifluus piperatus*形态特征十分相似而容易被误食，但后者伤后泌出白色乳液、味辣。

89　小果红菇

Russula minor Y. Song & L.H. Qiu

【形态特征】菌盖直径0.8~2.5 cm，幼时半球形，成熟时平展，中心凹陷或漏斗状；表面干，湿时黏，有时中部具微绒毛，边缘白色到浅粉色，中部粉色、紫红色到玫瑰色；边缘初平整，成熟后具条纹，有时开裂。菌褶直生，幼时密，后分散，幼时白色，成熟后淡黄奶油色，边缘同色。菌柄长0.7~1.5 cm，直径2~5 mm，中生，肉质，易碎，圆柱形，常扭曲，初实心，成熟后空心，白色到淡黄奶油色，有时被微绒毛。担孢子5.3~6.1 × 4.3~4.9 μm，近球形至椭圆形，具疣，透明，淀粉样。

【生态习性】夏秋季单生或散生于阔叶林中地上。

【食用价值】食毒不明，不建议食用。

【讨论】小果红菇为2021年描述自广东省的新物种，因个体较小而得名。为江西省新记录。

90　黄带红菇

Russula rufobasalis Y. Song & L.H. Qiu

【形态特征】菌盖直径3~6 cm，幼时半球形，后平展至中部下凹，老后近漏斗状，边缘尖锐，波浪形，幼时光滑，老后具条纹和开裂；幼时红棕色，成熟后中央具赭色，表面无毛，干燥；菌肉近柄处0.2~0.4 cm，白色，受伤后不变色。菌褶宽0.2~0.4 cm，白色或锈色，直生至近延生，受伤后不变色，不等长，近柄处少分叉。菌柄长2~3.5 cm，直径0.6~1.5 cm，圆柱形，中生，最初实心，成熟后海绵质，表面干燥，具纵向皱纹，白色，具红棕色色调，基部略带红色。味道温和，气味不显著。孢子5.7~7.7 × 4.3~6.2 μm，近球形至宽椭圆形，具刺。

【生态习性】夏秋季单生或群生于针阔混交林中地上。

【食用价值】食毒不明，不建议食用。

【讨论】该种在国内主要分布于华中和华南地区。

91 粉红菇

Russula subdepallens Peck

【形态特征】菌盖直径4~9 cm，初扁半球形，后平展，中部下凹；粉红色，老后色变淡，湿时黏，边缘具棱纹；菌肉白色，老后变淡灰色，薄，味道柔和，气味不显著。菌褶白色，直生，较稀，褶间有横脉，等长。菌柄长3~8 cm，直径1~2 cm，白色，内部松软。孢子印白色，孢子7.5~11 × 6.5~9 μm，椭圆形，表面具刺或疣。

【生态习性】夏秋季群生于针阔混交林中地上。

【食用价值】可食用。

【讨论】该种原描述自北美，在我国山东、四川和台湾等地也均有报道。其主要鉴别特征为：菌盖粉红色、成熟后颜色变淡，湿时较黏。

92 菱红菇

Russula vesca Fr.

【形态特征】菌盖直径4~8 cm，扁半球形，后展平，中部下凹；菱紫色或浅紫褐色，边缘有短条纹；菌肉白色，气味不显著，味道柔和。菌褶白色，中等密，直生，基部常分叉。菌柄长2.5~6 cm，直径1~2 cm，白色，圆柱形，基部稍细，中实，老时松软。孢子印近白色，孢子6.5~8.5 × 4~5 μm，无色，有小疣，椭圆形。

【生态习性】夏秋季群生于针阔混交林中地上。

【食用价值】可食。

【讨论】 菱红菇是北半球广布种，其拉丁词源“vescus”即为可食的，有坚果味。

93 凹陷辛格杯伞

Singerocybe umbilicata Zhu L. Yang & J. Qin

【形态特征】菌盖直径2~4 cm，中央下陷但不达菌柄基部，表面白色至米色，边缘波状；菌肉薄，白色，有令人作呕的气味。菌褶延生，白色。菌柄长3~5 cm，直径3~6 mm，圆柱形，白色、米色至淡褐色，空心。担孢子5~8 × 3~4.5 μm，舟形，光滑，无色，非淀粉质。

【生态习性】夏秋季生于针叶林或针阔混交林中地上。

【食用价值】食毒不明，不建议食用。

【讨论】该种原描述自云南，系江西省新记录种。该种与白漏斗辛格杯伞*S. alboinfundibuliformis*形态上相近，但后者无特殊气味。

94 毛柄小塔氏菌

Tapinella atrotomentosa (Batsch) Šutara

【形态特征】菌盖宽5~15 cm，半球形，后期扁平或中部下凹；菌盖锈褐色至烟色，中盘部被细绒毛，老后渐变光滑，无条纹，边缘长期内卷；菌肉厚，白色至淡黄色，松软。菌褶直生至延生，稍密，狭窄，基部分叉并于近柄处连成网，黄色至青黄色，干后呈黑色。菌柄长3~10 cm，宽1~3 cm，偏生或侧生，内实，质韧，与菌盖同色，密覆黑褐色绒毛。担孢子4.9~7.3 × 3.9~4.4 μm，卵圆形至宽椭圆形，光滑，在5% KOH中呈黄色至锈黄色，拟糊精质。

【生态习性】夏秋季生于针叶林或竹林腐木或腐枝层上。

【食用价值】有毒。

【讨论】该种原描述自欧洲，国外有报道称幼嫩时可食用。该种因菌柄上被黑色绒毛而得名，在国内可见于大部分地区。

95 小蚁巢伞

Termitomyces microcarpus (Berk. & Broome) R. Heim

【形态特征】菌盖直径2~5 cm，幼时锥形，顶端尖，后呈钟形或扁半球形，有不明显的条纹，边缘完整或凹凸不平或有开裂，初期稍内卷，污白色；菌肉白色，中部较厚。菌褶直生至离生，较密，不等长，边缘粗糙。菌柄近圆柱形，白色至污白色，向基部渐粗，表面有纵条纹和鳞片，长5~6 cm，粗3~4 mm，内部实至松软，基部以下延伸或不明显成根状。具香气味。担孢子6.5~8 × 4.5~5.5 μm，椭圆形至宽椭圆形，无色，光滑。担子27~35 × 7~9 μm，棒状，具4小梗。缘生囊状体11~25 × 3~5 μm，椭圆形至宽棒状，或瓶状，顶部钝圆，厚壁。

【生态习性】夏秋季群生或簇生于白蚁巢穴上。

【食用价值】可食。

【讨论】该种在我国主要分布于华中和华南地区，又称“鸡枞花”，富含必需氨基酸，具有较高营养价值。

96 竹生拟口蘑

Tricholomopsis bambusina Hongo

【形态特征】菌盖直径2~4 cm，幼时半球形，被刺毛状鳞片，深褐色，成熟后渐平展，中央鳞片直立，向盖边缘逐渐平伏，深褐色；菌肉红褐色，肉质。菌褶近弯生，稍密，淡红褐色至褐色，褶缘浅色。菌柄近圆柱形，长2~3 cm，直径0.3~0.6 cm，实心，淡褐色至红褐色且向下渐色深。担孢子4.5~5.5 × 3.5~4.5 μm，卵圆形至近球形。

【生态习性】夏秋季生于腐朽树桩上。

【食用价值】有毒。

【讨论】本种原描述于日本，为东亚特有种。菌盖深褐色、被刺毛状鳞片为其显著鉴别特征。为江西省新记录种。

97 黄鳞黄蘑菇

Xanthagaricus flavosquamosus T.H. Li *et al.*

【形态特征】菌盖直径0.8~2 cm，初期半球形到凸镜形，后平凸至平展；黄色至柠檬黄色或深黄色，中央黄棕色或灰褐色，被同心环状排列的纤维样鳞片，中部密集且颜色较深；盖缘常内卷且附着物撕裂下垂；菌肉中央厚0.8 mm，白色，伤后不变色。菌褶离生，不等长，黄白色到浅粉白色。菌柄长2~3 cm，直径0.1~0.2 cm，等粗，中生，圆柱形，淡黄色到略带灰黄色，表面附着小鳞片。担孢子椭圆形到宽椭圆形，5~5.5 × 3~3.5 μm，光学显微镜下光滑，扫描电子显微镜下可见细小疣点，淡黄色至黄褐色，非淀粉质。

【生态习性】夏秋季散生至群生于针阔混交叶林中地上。

【食用价值】食毒不明，不建议食用。

【讨论】该物种于2017年被描述和发表，系江西省特有种。其主要鉴别特征为：菌盖被同心环状排列的纤维状鳞片，中部密集且颜色较深，盖缘稍内卷。

二、牛肝菌类 *Boletes*

1 重孔金牛肝菌

Aureoboletus duplicatoporus (M. Zang) G. Wu & Zhu L. Yang

【形态特征】菌盖直径4~9 cm，凸镜形至渐平展；表面棕红色，伤后不变色，粘；菌肉近白色，厚0.6~0.8 cm，受伤后不变色。子实层体直生至稍弯生，表面金黄色，伤后不变色；菌管高0.5~0.8 cm，颜色与子实层表面相近。菌柄中生，近柱状，长7~12 cm，直径0.7~1.6 cm，表面橘黄色至橘红色，粘，内部颜色同盖表菌肉；基部菌丝白色。气味温和。担孢子8.5~13×4.5~5.5 μm，卵圆形至近梭形，光滑。

【生态习性】夏秋季散生于壳斗科植物为主的阔叶林中地上。

【食用价值】食毒不明，不建议食用。

【讨论】该物种原由我国真菌学家臧穆先生描述为*Sinoboletus duplicatoporus*，后被置于金牛肝菌属。为江西省新记录。

2 粘金牛肝菌

Aureoboletus glutinosus Ming Zhang & T.H. Li

【形态特征】菌盖直径1~3 cm，凸镜形；表面红棕色，具不规则凸起，湿时胶粘；盖缘颜色较浅，常下沿；菌肉白色，近盖表处略带锈红色，厚0.2~0.5 cm，受伤后不变色。子实层体弯生，表面淡黄色至橄榄黄色，伤后不变色；菌管高0.7~1 cm，颜色与子实层表面相近。菌柄中生，近柱状，长1.5~6 cm，直径0.2~1 cm，表面浅橘黄色至肉褐色，光滑无网纹；内部污白色；基部菌丝白色。无特殊气味和味道。担孢子10~13.5 × 4.5~5 μm，梭形，光滑。

【生态习性】夏秋季散生于壳斗科植物林下。

【食用价值】食毒不明，不建议食用。

【讨论】粘金牛肝菌于2019年被描述，模式标本采集自湖南省郴州市九龙江国家森林公园。在广东、安徽亦有分布，常见于壳斗科植物林下苔藓丛中，幼时通体被黏液包被。为江西省新记录种。

3 红肉金牛肝菌

Aureoboletus griseorufescens Ming Zhang & T.H. Li

【形态特征】菌盖直径2~5 cm，半球形至凸镜形；幼时表面常具较明显的褶皱，棕红色、深红色至暗红色，伤后不变色；菌肉坚实，略带红色，厚0.3~0.6 cm，受伤后逐渐加深为灰红色、锈红色。子实层体直生至稍弯生，表面金黄色，伤后不变色；菌管高0.2~0.4 cm，颜色与子实层表面相近。菌柄中生，近柱状，长4~6 cm，直径0.5~1 cm，表面浅黄褐色，光滑无网纹，内部颜色同盖表菌肉；基部菌丝白色。气温温和。担孢子9~11 × 4~5 μm，近梭形，光滑。

【生态习性】夏秋季散生于壳斗科植物为主的阔叶林中地上。

【食用价值】食毒不明，不建议食用。

【讨论】红肉金牛肝菌于2019年被描述和发表，模式标本采集自广东省车八岭国家级自然保护区，在海南省也有分布。该物种因菌肉伤后变锈红色而得名。为江西省新记录种。

4 栗色金牛肝菌

Aureoboletus marroninus T.H. Li & Ming Zhang

【形态特征】菌盖直径1~2.5 cm，凸镜形；表面栗褐色、紫褐色，褶皱明显，湿时胶粘，盖缘常有浅色菌幕残余；菌肉白色，厚0.2~0.3 cm，受伤后不变色或部分区域变浅蓝色。子实层体弯生，表面淡黄至橄榄黄色，伤后不变色；菌管高0.4~0.5 cm，颜色与子实层表面相近。菌柄中生，近柱状，长1~2 cm，直径0.2~0.4 cm，表面浅紫红色至褐红色，光滑无网纹；内部菌肉污白色；基部菌丝白色。无特殊气味和味道。担孢子8.5~10 × 4~4.5 μm，近梭形，光滑。

【生态习性】夏秋季散生于壳斗科为主的植物林中地上。

【食用价值】食毒不明，不建议食用。

【讨论】栗色金牛肝菌原描述于我国广东省。紫褐色的菌盖表面有明显的褶皱为其主要鉴别特征。

5 胡萝卜味金牛肝菌

Aureoboletus raphanaceus Ming Zhang & T.H. Li

【形态特征】菌盖直径2~6 cm，凸镜形；表面密被棕灰色绒毛，伤后不变色；菌肉白色，厚0.2~0.5 cm，伤后不变色，生尝有胡萝卜味。子实层体稍弯生，表面浅黄色，伤后不变色；菌管高0.3~0.8 cm，颜色与子实层表面相近。菌柄中生，近柱状，长2~6 cm，直径0.3~1 cm，表面污白色或略带黄色，被细小浅灰色绒毛，内部颜色较盖表菌肉稍深；基部菌丝白色。担孢子7.5~9 × 5~6 μm，卵圆形，光滑。

【生态习性】夏秋季单生或散生于壳斗科植物林下。

【食用价值】食毒不明，不建议食用。

【讨论】胡萝卜味金牛肝菌于2019年被描述和发表，模式标本采集自江西省崇义县阳岭国家森林公园，该物种在江西各地分布较为广泛。

6 红盖金牛肝菌

Aureoboletus rubellus J.Y. Fang *et al*.

【形态特征】菌盖直径3~4 cm，凸镜形；表面棕红色、绒质，伤后不变色，幼嫩时上有一层白色绒毛，成熟后逐渐脱落；菌肉淡黄色，厚0.3~0.5 cm，受伤后部分区域变浅蓝色。子实层体直生至稍弯生，表面金黄色，伤后不变色；菌管高0.4~0.5 cm，颜色与子实层表面相近。菌柄中生，近柱状，长4~6 cm，直径0.5~0.9 cm，表面浅黄色，光滑无网纹，内部颜色同盖表菌肉；基部菌丝白色。无特殊气味和味道。担孢子8.5~11 × 5~6 μm，卵圆形至肾形，光滑。

【生态习性】夏秋季散生于针阔混交林中地上。

【食用价值】食毒不明，不建议食用。

【讨论】红盖金牛肝菌是本书作者2019年在九岭山北侧武宁县发现和描述的新物种。幼嫩时被白色微绒毛、成熟后棕红色绒质的盖表和卵圆形至肾形的孢子是其主要鉴别特征。

7 粘盖金牛肝菌

Aureoboletus viscidipes (Hongo) G. Wu & Zhu L. Yang

【形态特征】菌盖直径1.5~3.5 cm，凸镜形；表面肉褐色至红褐色，湿时胶粘，幼时盖缘稍内卷；菌肉淡黄色，厚0.2~0.3 cm，受伤后缓慢变为淡红色至肉褐色。子实层体弯生，表面淡黄至橄榄黄色，伤后不变色；菌管高0.6~1 cm，颜色与子实层表面相近。菌柄中生，近柱状，质脆，长4~7 cm，直径0.3~0.7 cm，表面污白色、略带红色调，具不明显的纵条纹；内部菌肉污白色；基部菌丝白色。无特殊气味和味道。担孢子10~12 × 4.5~5 μm，近梭形，光滑。

【生态习性】夏秋季单生或散生于壳斗科植物林中地上。

【食用价值】食毒不明，不建议食用。

【讨论】粘盖金牛肝菌原描述于日本。该物种与粘金牛肝菌形态相近，但后者菌幕残余明显，且盖表和柄表的颜色较深。

8 梭孢南方牛肝菌

Austroboletus fusisporus (Kawam. ex Imazeki & Hongo) Wolfe

【形态特征】菌盖直径2~4 cm，凸镜形至较平展；表面黏，密被红褐色绒质鳞片，伤后不变色，盖缘常下沿、留存菌幕残余；菌肉白色，薄，伤后不变色。子实层体弯生，表面粉红色，伤后颜色稍加深；菌管高0.3~0.7 cm，颜色与子实层表面相近。菌柄中生，近柱状，长2~6 cm，直径0.3~0.8 cm，表面浅黄色，被深色网纹，网纹絮状、成熟后易变形；基部菌丝白色。无特殊味道。担孢子12~15 × 9~11 μm，梭形至扁杏仁状，电镜下可见表面杆菌样纹饰。

【生态习性】夏秋季单生或散生于壳斗科植物林下。

【食用价值】食毒不明，不建议食用。

【讨论】梭孢南方牛肝菌原描述自东南亚，在我国云南、海南和湖南等南方多省区均有分布。

9 黄肉条孢牛肝菌

Boletellus aurocontextus Hirot. Sato

【形态特征】菌盖直径7 cm，凸镜形，表面有一层浅紫红色、平伏的鳞片，盖缘常内卷并包被子实层，成熟后鳞片撕裂；菌肉厚1.2 cm，鲜黄，伤后迅速变浅蓝。子实层表面鲜黄至暗黄色，受伤后亦迅速变蓝；菌管柠檬黄色，高1.5 cm，伤后迅速变蓝。菌柄圆柱形，长9 cm，直径1.2~1.5 cm，表面紫红色；菌柄菌肉鲜黄、基部金黄，受伤后迅速变蓝；基部菌丝近白色。担孢子17~24 × 8~11 μm，表面具纵条状纹饰，深度约1 μm。

【生态特性】夏秋季单生于松属植物林下。

【食用价值】食毒不明，慎食。

【讨论】黄肉条孢牛肝菌原描述于日本，该种和木生条孢牛肝菌形态相近。在我国海南也有分布，系江西省新记录种。

10 金色条孢牛肝菌

Boletellus chrysenteroides (Snell) Snell

【形态特征】菌盖直径2~6 cm，凸镜形，后渐平展；表面酱色、灰褐色至紫红褐色，常不规则龟裂；菌肉淡黄色，厚0.1~0.2 cm，受伤后迅速变蓝。子实层体弯生，表面橄榄黄色，伤后迅速变蓝；菌管高0.2~0.5 cm，颜色与子实层表面相近。菌柄中生，近柱状，长4~6 cm，直径0.3~1 cm，与菌盖同色，上覆一层深色粉粒；内部菌肉淡黄色，伤后迅速变蓝后变为锈褐色；基部菌丝白色。无特殊气味和味道。担孢子10~14 × 6~7.5 μm，长椭圆形至近梭形，有条棱。

【生态习性】夏秋季散生于针叶林中地上。

【食用价值】可食用。

【讨论】金色条孢牛肝菌原描述于北美，已有文献报道在我国云南、浙江等多地均有分布。

11　木生条孢牛肝菌

Boletellus emodensis (Berk.) Singer

【形态特征】菌盖直径5~8 cm，半球形至凸镜形，后逐渐平展；表面有一层浅紫红色、暗红色至暗褐色的厚鳞片，盖缘常内卷并包被子实层，成熟后鳞片撕裂露出菌肉；菌肉厚0.4~0.8 cm，鲜黄色，伤后迅速变蓝。子实层表面鲜黄至暗黄色，受伤后迅速变蓝；菌管高1~1.8 cm，与子实层表面同色，伤后亦迅速变蓝。菌柄圆柱形，长9 cm，直径1.2~1.5 cm，表面紫红色；菌柄菌肉鲜黄、基部暗黄，受伤后迅速变蓝；基部菌丝近白色。担孢子14.5~22 × 6.5~10.5 μm，表面具纵条状纹饰。

【生态习性】夏秋季单生或散生于阔叶林中地上。

【食用价值】食毒不明，不建议食用。

【讨论】木生条孢牛肝菌在东亚、南亚和东南亚分布较为广泛。该物种与黄肉条孢牛肝菌形态较为接近，有待进一步深入研究。

12 隐纹条孢牛肝菌

Boletellus indistinctus G. Wu *et al.*

【形态特征】菌盖直径4~12 cm，凸镜形；表面桃红色、肉褐色至灰褐色，微绒质，伤后不变色；菌肉淡黄色，厚0.5~2 cm，受伤后立即变蓝。子实层体直生，表面鲜黄色至暗黄色，伤后迅速变蓝；菌管高0.4~1 cm，颜色与子实层表面相近，伤后亦迅速变蓝。菌柄中生，近柱状，长7~12 cm，直径1.5~2.5 cm，表面浅黄色、浅红色或肉褐色，有时被同色网纹；菌肉颜色同盖表菌肉；基部菌丝污白色。无特殊气味和味道。担孢子10~13 × 5~6 μm，近梭形，表面条纹不明显。

【生态习性】夏秋季单生于壳斗科植物林中地上。

【食用价值】有毒，胃肠炎类型。

【讨论】隐纹条孢牛肝菌于2016年被描述和发表，模式标本采集自广东黑石顶。该种因孢子表面条纹不明显而得名，在江西省多地均有分布。

13 白牛肝菌

Boletus bainiugan Dentinger

【形态特征】菌盖直径4~9 cm，半球形至平展；表面肉桂色、黄褐色至深褐色，略带橄榄色色调；菌肉白色，伤后不变色。子实层体直生，幼时表面被白色菌丝包埋，成熟后菌丝逐渐消失，表面暗黄色，带橄榄色色调。菌柄棒状，长5~12 cm，直径2~4 cm，本底污白色、淡褐色，中上部被同色网纹；基部菌丝白色。担孢子11~15 × 4~6 μm，梭形，光滑。

【生态习性】夏秋季单生或散生于针叶林下。

【食用价值】食用。

【讨论】白牛肝菌曾长期被误定为欧洲的“美味牛肝菌”*Boletus edulis*，但后者孢子较大（15~19 × 5~6 μm）。为江西省新记录种。

14 紫褐牛肝菌

Boletus violaceofuscus W.F. Chiu

【形态特征】菌盖直径4~10 cm，半球形至平展；表面深紫色或紫褐色，光滑；菌肉洁白，伤后不变色。子实层体直生，幼时表面被白色菌丝包埋，成熟后菌丝逐渐消失，表面奶油色至淡黄色。菌柄棒状，长5~10 cm，直径2~3 cm，与菌盖同色，被同色网纹；基部菌丝白色。担孢子12~14 × 5~6 μm，近梭形，光滑。

【生态习性】夏秋季单生于壳斗科植物为主的阔叶林中地上。

【食用价值】食用。

【讨论】紫牛肝菌由我国著名真菌学家裘维蕃先生于1948年发表。模式标本采集自云南省。该物种鉴别特征较明显：菌盖和菌柄紫色、菌柄上具紫色网纹。为江西省新记录种。

15 海南黄肉牛肝菌

Butyriboletus hainanensis N.K. Zeng *et al.*

【形态特征】菌盖直径 6~20 cm，半球形至凸镜形；表面干燥、绒质，黄褐色至灰褐色，盖缘有时内卷；菌肉白色，受伤后迅速变蓝，后变为红色，最后逐渐变灰黑色。子实层体直生或稍弯生，黄色，伤后亦先变蓝再变红后变黑；菌管黄色，变色情况同子实层体。菌柄中生，近柱状，长6~13 cm，直径1.5~3 cm，中实，上部黄色，中下部棕红色；菌肉上部白色、基部棕红色，伤后变色情况与盖表菌肉相同；基部菌丝白色。无特殊气味和味道。担孢子 7.5~10 × 4~5 μm，梭形，光滑。

【生态习性】夏秋季散生于针阔混交林中地上。

【食用价值】食毒不明，不建议食用。

【讨论】海南黄肉牛肝菌原描述于我国海南岛，其受伤后先变蓝再变红后变黑，鉴别特征较明显。为江西省新记录种。

16 玫黄黄肉牛肝菌

Butyriboletus roseoflavus (Hai B. Li & Hai L. Wei) D. Arora & J.L. Frank

【形态特征】 菌盖直径7~12 cm，半球形至较平展；表面粉色、玫红色，微绒质；菌肉坚实，厚1.2~2 cm，白色，伤后不变色或局部缓慢变浅蓝色。子实层体直生，表面鲜黄色至暗黄色，受伤后迅迅变蓝；菌管柠檬黄色，高0.4~0.9 cm，伤后亦迅速变蓝。菌柄棒状，长6~12 cm，直径2~3 cm，中上部浅黄色，被同色网纹，基部紫红色或褐红色；内部淡黄色至鲜黄色，伤后局部缓慢变蓝；基部菌丝白色。担孢子9~12 × 3~4 μm，梭形，光滑。

【生态习性】夏秋季单生或散生于针叶林下。

【食用价值】食用。但应煮熟炒透，否则会产生幻觉。

【讨论】玫黄黄肉牛肝菌，俗称“白葱”“见手青”，过去曾被当作北美的“小美牛肝菌”。在我国云南、浙江等地均有分布，为野生菌市场上常见食用菌。为江西省新记录种。

17 窄囊裘氏牛肝菌

Chiua angusticystidiata Y.C. Li & Zhu L. Yang

【形态特征】菌盖直径2.5~5 cm，凸镜形至较平展，表面橄榄绿色至黄绿色，微绒质；菌肉厚0.3~0.6 cm，金黄色，伤后不变色。子实层体稍弯生，表面粉白色，受伤后亦不变色；菌管粉白色，高0.5~1.5 cm，伤后亦不变色。菌柄圆柱形，长3~6 cm，直径0.6~1.3 cm；中上部红色至紫红色，下部黄色；菌柄菌肉金黄色，基部铬黄色，受伤后不变色；基部菌丝黄色。担孢子10.5~12.5 × 4.5~5.5 μm，近梭形，光滑。

【生态特性】夏秋季单生于壳斗科植物林中地上。

【食用价值】食毒不明，慎食。

【讨论】窄囊裘氏牛肝菌原描述自我国云南省，因盖表菌丝末端细胞形态如窄囊状体而得名。在我国海南省和福建省亦有分布，为江西省新记录种。

18 褐红孔蓝牛肝菌

Cyanoboletus brunneoruber G. Wu & Zhu L. Yang

【形态特征】菌盖直径2~7 cm，凸镜形至较平展，表面浅紫褐色至深褐色，微绒质，湿时较黏；菌肉厚0.3~1 cm，浅黄色，伤后立即变深蓝。子实层体直生，表面浅紫褐色至红褐色，受伤后亦迅速变深蓝；菌管柠檬黄色至暗黄色，高0.2~0.8 cm，伤后亦迅速变深蓝。菌柄圆柱形，长3~7 cm，直径0.4~0.6 cm，颜色与盖表相近；菌柄菌肉浅黄，受伤后迅速变蓝；基部菌丝淡黄色。担孢子10~13 × 4.5~5.5 μm，近梭形，光滑。

【生态特性】夏秋季单生于针阔混交林中地上。

【食用价值】食毒不明，慎食。

【讨论】褐红孔蓝牛肝菌于2016年被发现和描述，模式标本采集自云南省。该物种和华北地区的华粉蓝牛肝菌形态相近，但后者子实层表面黄色。为江西省新记录种。

19 长囊体圆孔牛肝菌

Gyroporus longicystidiatus Nagas. & Hongo

【形态特征】菌盖直径3~9 cm，凸镜形至较平展，表面浅褐色至黄褐色，绒质；菌肉厚0.3~1 cm，白色，伤后不变色。子实层体直生至稍弯生，表面米白色至淡黄色，伤后亦不变色；菌管与子实层表面同色，高0.2~0.8 cm，伤后不变色。菌柄圆柱形，长3~7 cm，直径0.6~1 cm，颜色与盖表相近，被同色细绒毛；菌柄菌肉棉絮样、雪白，伤后不变色；基部菌丝白色。担孢子7~9 × 3.5~6 μm，卵圆或椭圆形，光滑，管缘和侧生囊状体的长度最长可达80 μm以上。

【生态特性】夏秋季散生于针阔混交林中地上。

【食用价值】食用。

【讨论】长囊体圆孔牛肝菌原描述自日本，在泰国和在我国海南、福建和云南等地均有分布。为江西省新记录种。

20 日本网孢牛肝菌

Heimioporus japonicus (Hongo) E. Horak

【形态特征】菌盖直径3~10 cm，半球形至凸镜形；表面粉红至血红色、深红色，光滑；菌肉黄色，厚0.5~1.5 cm，受伤后不变色。子实层体直生至稍弯生，表面金黄色至暗黄色，伤后不变色；菌管高0.4~1.2 cm，颜色与子实层表面相近。菌柄中生长5~20 cm，直径0.7~2 cm，基部常膨大；粉色、桃红色至深红色，上部被明显的红色网纹；基部菌丝白色。无特殊气味和味道。担孢子（含网状纹饰）11~14 × 7~8 μm，椭圆形至近梭形。

【生态习性】夏秋季散生于壳斗科植物林中地上。

【食用价值】有毒，导致胃肠炎型中毒。

【讨论】日本网孢牛肝菌因原描述自日本、孢子表面具有网状纹饰而得名。该物种在我国分布较广泛，为常见的有毒牛肝菌，应注意鉴别、防止误食。

21 厚瓤牛肝菌

Hourangia cheoi (W.F. Chiu) Xue T. Zhu & Zhu L. Yang

【形态特征】菌盖直径2~8 cm，半球形至凸镜形；表面密被红褐色至暗褐色点状鳞片，成熟后龟裂为簇状鳞片；菌肉污白色，厚0.2~0.3 cm，受伤后迅速变蓝，然后逐渐变为胡萝卜红色、红褐色，最后变灰褐色、灰黑色。子实层体直生，表面鲜黄至暗黄色，伤后迅速变蓝；菌管高0.6~1.5 cm，颜色与子实层表面相近。菌柄中生，长5~8 cm，直径0.3~0.6 cm，近柱状；土褐色，光滑无网纹；基部菌丝白色。无特殊气味和味道。担孢子10~12.5 × 4~4.5 μm，近梭形，光学显微镜下光滑，扫描电镜下可见杆菌状纹饰。

【生态习性】夏秋季散生于壳斗科、松属植物林中地上。

【食用价值】可能有毒，导致胃肠炎型中毒。

【讨论】 厚瓤牛肝菌因子实层体较厚（通常为菌盖菌肉厚度的3~5倍）而得名。该物种菌肉受伤后先变蓝、后变红、再变灰黑色，在野外较易被识别。

22 小果厚瓤牛肝菌

Hourangia microcarpa (Corner) G. Wu *et al*.

【形态特征】菌盖直径1.5~3 cm，半球形至凸镜形；表面肉褐色、黄褐色，有时略带红色，盖缘颜色较浅；绒质，成熟后龟裂露出菌肉；菌肉淡黄色，厚0.2~0.4 cm，受伤后缓慢变蓝，与子实层连接部位变色较明显。子实层体直生，表面鲜黄色，伤后迅速变蓝；菌管高0.6~1.2 cm，颜色与子实层表面相近。菌柄中生，长2~4 cm，直径0.2~0.5 cm，近柱状；土褐色，光滑无网纹；菌柄菌肉土褐色，中上部受伤后缓慢变蓝；基部菌丝白色。无特殊气味和味道。担孢子8~10 × 3.5~4 μm，近梭形，光滑。

【生态习性】夏秋季散生于壳斗科、松属植物林中地上。

【食用价值】食毒不明。

【讨论】小果厚瓤牛肝菌原描述自东南亚，在我国云南、福建等省区也有分布。该物种因子实体小型（通常不足3 cm）而得名。为江西省新记录。

23 芝麻厚瓤牛肝菌

Hourangia nigropunctata (W.F. Chiu) Xue T. Zhu & Zhu L. Yang

【形态特征】 菌盖直径3~7 cm，半球形至凸镜形；表面黄褐色、红褐色至褐色，绒质，伤后不变色；幼嫩时上有一层白色绒毛，成熟后逐渐脱落；菌肉淡黄色，厚0.3~0.5 cm，受伤后迅速变浅蓝色，后逐渐变为红褐色，最后变为灰黑色。子实层体直生至稍弯生，表面金黄色，伤后迅速变蓝；菌管高0.7~1.2 cm，颜色与子实层表面相近。菌柄中生，近柱状，长4~6 cm，直径0.5~1 cm，表面浅黄色，光滑无网纹，内部颜色同盖表菌肉；基部菌丝污白色。无特殊气味和味道。担孢子7.5~9 × 3.5~4 μm，近梭形，光滑。

【生态习性】夏秋季单生或散生于松树或壳斗科植物林中地上。

【食用价值】食毒不明，不建议食用。

【讨论】芝麻厚瓤牛肝菌最初于1948年由裘维番先生描述为“*Boletus nigropunctatus*”，后被置于厚瓤牛肝菌属。

24 江西层牛肝菌

Hymenoboletus jiangxiensis Yan C. Li & Zhu L. Yang

【形态特征】菌盖直径3~5.5 cm，凸镜形至较平展；表面浅红棕色至红棕色，盖缘颜色较浅，光滑；菌肉白色至奶油色，较薄，伤后不变色。子实层体弯生，幼嫩时表面白色，成熟后粉红色，伤后亦不变色；菌管高0.4~0.6 cm，颜色较子实层表面较浅，伤不变色。菌柄近柱状，长5~7 cm，直径0.4~0.6 cm，柄表粉色、桃红色，基部金黄色，被同色细鳞片；菌柄菌肉浅黄至金黄色，伤后不变色；基部菌丝金黄色。生尝味温和。担孢子10.5~13 × 4.5~5.5 μm，近梭形，光滑。

【生态习性】夏秋季单生或散生于壳斗科植物林下。

【食用价值】慎食。

【讨论】江西层牛肝菌是2022年被描述和发表的新物种，模式标本采集自江西井冈山，目前已知仅分布于江西省。

25 大果兰茂牛肝菌

Lanmaoa macrocarpa N.K. Zeng *et al*.

【形态特征】菌盖直径3~4 cm，凸镜形；表面玫红色、棕红色，绒质、柔软，伤后不变色；菌肉鲜黄色，厚2~2.5 cm，受伤后立即变蓝。子实层体直生至稍弯生，表面鲜黄色，伤后立即变蓝后缓慢变为灰褐色；菌管高0.4~0.6 cm，颜色与子实层表面相近。菌柄中生，近柱状，长6~11 cm，直径1.5~2 cm，上部金黄色、下部鲜红；菌肉鲜黄色，伤后立即变蓝（中上部较明显）；基部菌丝白色。菌香味明显。担孢子10~12 × 4.5~5 μm，近梭形，光滑。

【生态习性】夏秋季散生于阔叶林中地上。

【食用价值】可食。

【讨论】兰茂牛肝菌属是为纪念明代医学家兰茂而建立的新属，“牛肝菌”一词最早出现在其所著的《滇南本草》中。大果兰茂牛肝菌原描述于海南，因子实体大型而得名。为江西省新记录。

26　黄孔新牛肝菌

Neoboletus flavidus (G. Wu & Zhu L. Yang) N.K. Zeng *et al*.

【形态特征】菌盖直径3~8 cm，凸镜形，覆微绒毛；黄褐色至玫红色或红褐色，伤后迅速变深蓝色；菌肉嫩黄，厚0.4~0.9 cm，近白色，伤后立即变深蓝色。子实层体直生，幼嫩时表面金黄色，后逐渐变暗；菌管高0.2~0.3 cm，与子实层表面同色，伤后迅速变深蓝色。菌柄近柱状，长4~9 cm，直径1~1.5 cm，表面光滑，中上部金黄色，基部红褐色；内部中实，菌肉嫩黄；基部菌丝浅黄色。气味温和。担孢子10~13 × 4.5~5.5 μm，近梭形，光滑。

【生态习性】夏秋季散生于针阔混交林中地上。

【食用价值】食毒性不明，慎食。

【讨论】黄孔新牛肝菌幼嫩时子实层为金黄色、子实体受伤后迅速变深蓝色，鉴别特征较明显。该种在云南、湖南等地有分布，为江西省新记录。

27 密鳞新牛肝菌

Neoboletus multipunctatus N.K. Zeng *et al.*

【形态特征】菌盖直径5~7 cm，凸镜形，上覆明显的绒毛；红褐色、褐色至黑褐色；菌肉嫩黄色，厚1~1.5 cm，伤后立即变深蓝色。子实层体直生，幼嫩时表面紫红色、红棕色，成熟后颜色变浅，伤后迅速变为蓝黑色；菌管高0.5~0.7 cm，黄绿色，伤后亦迅速变为深蓝色。菌柄近柱状，长7~9 cm，直径1~1.8 cm，本底金黄色，中上部密被红棕色点状鳞片；内部中实，中上部菌肉嫩黄，伤后迅速变为深蓝色，下部锈红色；基部菌丝黄色。无特殊气味和味道。担孢子8.5~11 × 4~5 μm，近梭形，光滑。

【生态习性】夏秋季散生于壳斗科植物林中地上。

【食用价值】食毒性不明，慎食。

【讨论】密鳞新牛肝菌因菌柄表面密被点状鳞片而得名。该种原描述于我国海南省，为江西省新记录。

28 黑牛肝菌

Nigroboletus roseonigrescens Gelardi *et al*.

【形态特征】菌盖直径6~8 cm，半球形至逐渐平展；表面玫红色，伤后迅速变灰黑色；菌肉鲜黄，伤后迅速变淡棕红色，后逐渐变黑。子实层体直生，表面黄色，成熟后颜色变暗；菌管鲜黄，受伤后亦迅速变淡棕红色，后逐渐变为灰黑色。菌柄近棒状，长3~7 cm，直径1~2 cm，柄表浅黄色，伤后迅速变黑；菌柄菌肉颜色和变色情况同盖表菌肉；基部菌丝白色。担孢子6~9×4.5~5.5 μm，宽椭圆形，光滑。

【生态习性】夏秋季散生于壳斗科植物林下。

【食用价值】食毒不明，不建议食用。

【讨论】黑牛肝菌为单种属*Nigroboletus*的模式种。该物种的模式标本采集自广东省，菌盖玫红色、菌肉受伤后先变红后变黑，鉴别特征较明显。为江西省新记录种。

29　厚囊褶孔牛肝菌

Phylloporus grossus N.K. Zeng *et al.*

【形态特征】菌盖直径3~7 cm，凸镜形至较扁平，成熟后中央凹陷；绒质，黄褐色至暗褐色；菌肉白色，厚0.4~0.8 cm，伤后不变色。菌褶延生，稀疏，高0.4~0.6 cm，有小菌褶，鲜黄色，伤后不变色。菌柄近柱状，长4~5 cm，直径0.4~0.8 cm，表面黄色，上半部有菌褶延生形成的纵向条纹，覆黄褐色至红褐色鳞片；内部中实，近白色，伤后不变色；基部菌丝白色。担孢子9~11 × 4~5.5 μm，近梭形，光滑。

【生态习性】夏秋季单生或散生于壳斗科植物林下。

【食用价值】可食。

【讨论】厚囊褶孔牛肝菌因其囊状体厚壁而得名，该种在我国海南、湖南亦有分布，为江西省新记录种。

30 红鳞褶孔牛肝菌

Phylloporus rubrosquamosus N.K. Zeng *et al*.

【形态特征】菌盖直径3~6 cm，扁平，成熟后中央凹陷；肉褐色至黄褐色，被红色绒质鳞片；菌肉淡黄色，厚0.4~1 cm，伤后不变色。菌褶延生，稀疏，高0.3~0.8 cm，有小菌褶，鲜黄色，伤后缓慢变蓝色。菌柄近柱状，长4~8 cm，直径0.5~0.8 cm，表面黄色，上半部有菌褶延生形成的纵向条纹，表面有一层黄褐色至红褐色鳞片；内部中实，淡黄色，伤后不变色；基部菌丝白色。担孢子11~12.5 × 4.5~5 μm，长椭圆形至近梭形，光滑。

【生态习性】夏秋季单生或散生于阔叶林下。

【食用价值】可食用。

【讨论】红鳞褶孔牛肝菌因菌盖上有红色鳞片而得名。该物种在我国西南、华中地区均有分布。为江西省新记录种。

31 东方烟色粉孢牛肝菌

Porphyrellus orientifumosipes Y.C. Li & Zhu L. Yang

【形态特征】菌盖直径1.5~5 cm，半球形至较平展；表面干燥，烟褐色、土褐色至深褐色，成熟后龟裂露出白色菌肉；菌肉坚实，厚0.3~0.6 cm，伤后立即变浅蓝色。子实层体弯生，表面淡粉色至粉色，受伤后迅迅变蓝。菌管柠檬黄色，高0.6~1.8 cm，伤后亦迅速变蓝。菌柄棒状，长2~8 cm，直径0.2~1 cm，与盖表颜色相近；内部白色，中上部伤后变蓝较明显；基部菌丝白色。担孢子9.5~10.5 × 4.5~5.5 μm，近梭形，光滑。

【生态习性】夏秋季单生或散生于壳斗科植物林下。

【食用价值】食毒不明，慎食。

【讨论】东方烟色粉孢牛肝菌，因与北美的烟色粉孢牛肝菌*Porphyrellus fumosipes*形态相似而得名。在我国福建、云南、河南和湖北等省也均有分布。

32 拟南方牛肝菌（原变种）

Pseudoaustroboletus valens (Corner) Y.C. Li & Zhu L. Yang

【形态特征】菌盖直径5~8 cm，半球形至较平展；表面干燥，深灰色或灰白色、暗灰色；菌肉坚实，厚1.2~2 cm，伤后不变色。子实层体直生，表面淡粉色至粉色，受伤后不变色。菌柄棒状，长9~12 cm，直径1.5~2.5 cm，柄表网纹明显，高度可达0.5 cm；内部菌肉白色、坚实；基部菌丝白色。担孢子12~15 × 4.5~5.5 μm，近梭形，光滑。

【生态习性】夏秋季单生或散生于壳斗科植物林下。

【食用价值】食毒不明，慎食。

【讨论】拟南方牛肝菌原描述于东南亚，经我国学者研究证实分为原变种和大孢变种。前者在我国福建、云南、湖南和广东等多省区也均有分布，后者见于新加坡和马来西亚。

33 褐点粉末牛肝菌

Pulveroboletus brunneopunctatus G. Wu & Zhu L. Yang

【形态特征】菌盖直径2~5 cm，凸镜形至较平展，幼时盖缘被菌幕完全包裹；表面鲜黄色至暗黄色，密布褐色、橄榄褐色点状鳞片；菌肉灰白色至奶油色，厚0.5~0.7 cm，受伤后变为浅蓝色，与子实层邻接处变色较为明显。子实层体直生，表面淡黄色至琥珀黄色，有时具锈红色斑点；菌管高0.2~0.5 cm，与子实层表面同色。菌柄长4~7 cm，直径0.3~0.7 cm，柄表被黄色细粉末或微绒毛；内部淡黄色，伤后变色不明显；基部菌丝白色。担孢子 8~10 × 5~5.5 μm，梭形，光滑。

【生态习性】夏秋季散生于针阔混交林中地上。

【食用价值】有毒。

【讨论】褐点粉末牛肝菌原描述于我国云南省的普洱、景洪等地，因菌盖表面覆盖褐色点状鳞片而得名。为江西省新记录种。

34　红鳞粉末牛肝菌

Pulveroboletus rubroscabrosus N.K. Zeng & Zhu L. Yang

【形态特征】菌盖直径2~3 cm，凸镜形，后逐渐平展；湿润时稍粘，表面有一层橘红色、平伏的絮状鳞片，盖缘稍内卷；菌肉浅黄、略带粉色，伤后变为浅蓝色。子实体表面淡黄色至暗黄色，受伤后迅速变为蓝黑色，幼时被柠檬黄色菌幕包裹；菌管浅柠檬黄色，伤后缓慢变浅蓝色。菌柄近圆柱形，长3~5 cm，直径0.4~0.6 cm，表面柠檬黄色，菌环位于菌柄中上部，菌环以下部位有与菌盖上相同的鳞片；菌柄菌肉浅黄，基部金黄，受伤后局部缓慢变浅蓝色；基部菌丝白色。担孢子 8~10 × 4.5~5 μm，梭形，光滑。

【生态习性】夏秋季散生于针阔混交林中地上。

【食用价值】有毒。

【讨论】红鳞粉末牛肝菌是2020年被发表的江西省新记录种。该物种因菌盖表面被红色鳞片而得名。

35　暗褐网柄牛肝菌

Retiboletus fuscus (Hongo) N.K. Zeng & Zhu L. Yang

【形态特征】菌盖直径5~8 cm，凸镜形；表面灰褐色至灰黑色，绒质；菌肉白色，厚1~2 cm，受伤后不变色或变浅褐色。子实层体直生，表面灰白色后淡黄色，伤后变为黄褐色；菌管高0.3~1 cm，颜色与子实层表面相近。菌柄中生，近柱状，长4~11 cm，直径1~4 cm，表面灰白色至淡黄色，被灰褐色至深灰色网纹；菌肉坚实，颜色同盖表菌肉，基部菌丝白色。无特殊气味和味道。担孢子9~12 × 3.5~4 μm，近梭形，光滑。

【生态习性】夏秋季散生于针阔混交林中地上。

【食用价值】可食用。

【讨论】暗褐网柄牛肝菌为东亚特有种，于1974年被日本真菌学家命名为为*Boletus griseus* var. *fuscus*，后被我国真菌学家置于网柄牛肝菌属。

36 中华网柄牛肝菌

Retiboletus sinensis N.K. Zeng & Zhu L. Yang

【形态特征】菌盖直径3~8 cm，凸镜形至较平展；表面橄榄褐色、黄褐色至灰褐色，绒质，柔软；菌肉淡黄色，厚0.5~2.5 cm，受伤后颜色加深为黄褐色。子实层体直生至稍弯生，表面金黄色，伤后不变色；菌管高0.2~1 cm，颜色与子实层表面相近，伤后颜色加深。菌柄中生，近柱状，长5~11 cm，直径0.7~2 cm，表面黄色，密被同色网纹，内部颜色较菌盖菌肉深；基部菌丝黄色。无特殊气味和味道。担孢子8~10 × 3.5~4 μm，近梭形，光滑。

【生态习性】夏秋季散生于壳斗科植物林中地上。

【食用价值】食毒不明，不建议食用。

【讨论】中华网柄牛肝菌于2016年被描述和发表，模式标本采自福建省。该种为东亚所特有，在我国台湾、广东和海南也均有分布。

37 张飞网柄牛肝菌

Retiboletus zhangfeii N.K. Zeng & Zhu L. Yang

【形态特征】菌盖直径5~10 cm，半球形至凸镜形；表面深紫色、紫黑色至黑色，密被一层微绒毛；菌肉灰白色，厚0.8~1.5 cm，受伤后变为灰绿色至灰褐色。子实层体直生，表面灰白色至灰紫色，伤后变灰绿色至灰褐色；菌管高0.5~1 cm，颜色与子实层表面相近。菌柄中生，近柱状，长5~12 cm，直径1~2.5 cm，表面灰白色至灰绿色，灰绿色疣点不规则分布，被同色网纹；内部颜色同菌盖菌肉；基部菌丝白色。无特殊气味和味道。担孢子9~11 × 4~5 μm，卵圆形至近梭形，光滑。

【生态习性】夏秋季散生于壳斗科植物林下。

【食用价值】食毒不明，不建议食用。

【讨论】张飞网柄牛肝菌于2016年由我国真菌学家发现和描述，因菌盖黑色而得名。以三国时期历史人物来命名我国的真菌物种，彰显了我国真菌学家的“文化自信”。

38 灰盖罗氏牛肝菌

Royoungia grisea Y.C. Li & Zhu L. Yang

【形态特征】菌盖直径3~5 cm，初呈半球形，后逐渐平展；表面黄绿色、橄榄绿色至灰绿色，绒质，有时龟裂；菌肉灰白色，厚0.3~0.6 cm，伤后不变色。子实层体弯生，幼嫩时表面灰白色，成熟后粉红色，伤后亦不变色；菌管高0.6~1 cm，颜色较子实层表面较浅，伤不变色。菌柄棒状，长3~5 cm，直径0.8~1.2 cm，柄表金黄色，被桃红色鳞片；菌柄菌肉鲜黄至金黄色，伤后不变色；基部菌丝金黄色。生尝味温和。担孢子11~14 × 5.5~6.5 μm，近梭形，光滑。

【生态习性】夏秋季单生于壳斗科植物林下。

【食用价值】慎食。

【讨论】灰盖罗氏牛肝菌于2016年被描述和发表，模式标本采集自河南省，也分布于贵州、湖北和广东等省份。为江西省新记录种。

39　黑鳞松塔牛肝菌

Strobilomyces atrosquamosus J.Z. Ying & H.A. Wen

【形态特征】菌盖直径4~8 cm，初呈半球形，后逐渐平展；表面红褐色、紫褐色至黑褐色，上被锥形颗粒样鳞片，盖缘颜色稍浅、幼时下沿；菌肉坚实，厚0.3~0.5 cm，污白色，伤后迅速变胡萝卜色，后逐渐变黑。子实层体稍延生，近白色，伤后先变红后变黑；菌管高0.3~0.6 cm，变色情况同子实层表面。菌柄柱状，长6~8 cm，直径1~2 cm，柄表颜色与菌盖相近，被同色网纹；菌柄菌肉灰色，伤后先变红后变黑；基部菌丝白色。无特殊气味和味道。担孢子8~10 × 6~8 μm，近球形，表面具完整的脊状网纹。

【生态习性】夏秋季散生于壳斗科植物为主的林中地上。

【食用价值】慎食。

【讨论】黑鳞松塔牛肝菌为东亚特有种，已知分布于我国和日本。为江西省新记录种。

40 密鳞松塔牛肝菌

Strobilomyces densisquamosus Li H. Han & Zhu L. Yang

【形态特征】菌盖直径6~12 cm，凸镜形；表面灰白色，密被规则排列的锥形黑色鳞片，盖缘常下沿；菌肉污白色，伤后立即变橘红色后逐渐变黑。子实层体直生，表面白色、烟褐色至灰黑色，伤后变锈红色后变黑色；菌管高0.5~1 cm，颜色与子实层表面相近。菌柄中生，近柱状，长4~13 cm，直径0.5~1.2 cm，表面密被黑色絮状物，内部颜色同盖表菌肉；基部菌丝白色。无特殊气味和味道。担孢子8.5~11 × 7~9 μm，圆形至宽椭圆形，表面具不规则方棍样刺凸。

【生态习性】夏秋季散生于针阔混交林中地上。

【食用价值】食毒不明，不建议食用。

【讨论】密鳞松塔牛肝菌于2019年被描述和发表，因盖表密被黑色鳞片而得名。该种是东亚特有种，在我国东北的辽宁省和西南的云南省均有分布，为江西省新记录。

41　半裸松塔牛肝菌

Strobilomyces seminudus Hongo

【形态特征】菌盖直径3~10 cm，凸镜形、后渐平展；被灰黑色绒毛，盖缘菌幕残余下沿，在菌柄顶部形成“菌环”；菌肉白色，厚0.3~0.7 cm，受伤后先变橘红色、锈红色后变黑色。子实层体直生，表面灰白色、深灰色，伤后先变红后变黑；菌管高0.4~0.6 cm，颜色与子实层表面相近。菌柄中生，近柱状，长4~10 cm，直径0.5~1.5 cm，与盖表颜色相近；内部颜色同盖表菌肉；基部菌丝白色。无特殊气味和味道。担孢子7~9 × 6.5~8.5 μm，近圆形至宽椭圆形。表面网纹和脊不完整。

【生态习性】夏秋季散生于壳斗科、松科植物混交林中地上。

【食用价值】食毒不明，不建议食用。

【讨论】半裸松塔牛肝菌于1983年原描述自日本，因干燥后盖表较光滑而得名。该种在泰国和我国西南地区（云南、贵州、四川）以及福建、广东和海南等省也均有分布。

42 黏盖乳牛肝菌

Suillus bovinus (L.) Roussel

【形态特征】菌盖直径4~10 cm，半球形至较平展，盖缘稍内卷、后期成波状；表面土黄色、肉褐色至黄褐色，湿时胶黏、干后有光泽；菌肉淡黄色，厚0.4~1 cm，受伤后不变色。子实层体稍延生，表面鲜黄至暗黄色，伤后不变色；菌管高0.3~0.8 cm，颜色与子实层表面相近。菌柄中生，近柱状，长2~7 cm，直径0.8~1.5 cm，表面浅黄至橘黄色，光滑无网纹；内部颜色与菌盖菌肉相近；基部菌丝白色。无特殊气味和味道。担孢子8~10 × 3~4 μm，椭圆形至长椭圆形，光滑。

【生态习性】夏秋季散生于针叶林中地上。

【食用价值】可食用。

【讨论】黏盖乳牛肝菌原描述自欧洲，也见于我国华中、华南地区。已有文献报道，该物种在江西省萍乡市羊狮幕风景区和抚州翠雷山等地也有分布。

43 滑皮乳牛肝菌

Suillus huapi N.K. Zeng *et al.*

【形态特征】菌盖直径2~7 cm，凸镜形至较平展，幼时盖缘内卷；表面肉褐色至深褐色，湿时黏滑；菌肉淡黄色，厚0.5~0.9 cm，淡黄色，受伤后不变色。子实层体直生，表面黄色，伤后不变色；菌管高0.2~0.5 cm，颜色与子实层表面相近。菌柄中生，近柱状，长2.5~6 cm，直径0.6~1.2 cm，表面浅黄色，光滑无网纹，内部较菌盖菌肉颜色深；基部菌丝白色。无特殊气味和味道。担孢子6.5~9 × 3~4 μm，长椭圆形至近梭形，光滑。

【生态习性】夏秋季散生于松林中。

【食用价值】有毒，胃肠炎型。

【讨论】滑皮乳牛肝菌于2018年被描述和发表，因菌盖表面湿润时黏滑而得名。该物种曾长期被误定为白黄乳牛肝菌*Suillus placidus*，在我国云南、福建、广东和海南等省份均有分布。

44 铅紫异色牛肝菌

Sutorius eximius (Peck) Halling *et al*.

【形态特征】菌盖直径6~15 cm，凸镜形；表面紫褐色、红褐色，微绒质；菌肉灰白色，厚0.6~1.5 cm，受伤后变浅红褐色。子实层体直生至稍弯生，表面粉紫色至紫褐色，伤后变褐红色；菌管高0.8~2 cm，灰粉色，伤后变红褐色。菌柄中生，近柱状，长3~12 cm，直径0.8~3 cm，灰粉色至浅紫褐色，受伤后颜色加深至红褐色，表面密被深紫色至黑色细小鳞片；菌肉颜色菌盖菌肉相近；基部菌丝白色。生尝味道温和。担孢子12~15.5 × 4~5 μm，近梭形，光滑。

【生态习性】夏秋季散生于针阔混交林中地上。

【食用价值】有毒，导致胃肠炎型中毒。

【讨论】铅紫异色牛肝菌全球广布，已知的分布范围包括东亚、东南亚、北美和中美洲等地。

45 红褐粉孢牛肝菌

Tylopilus brunneirubens (Corner) Watling & E. Turnbull

【形态特征】菌盖直径5~9 cm，凸镜形或半球形，绒质；淡黄褐色至红褐色，伤后颜色加深至锈褐色；菌肉厚0.6~1 cm，近白色，伤后变淡褐色。子实层体直生，表面白色至粉色，伤后变红褐色至锈褐色；菌管高0.2~0.3 cm，与子实层表面同色。菌柄近柱状，长5~8 cm，直径0.8~1.5 cm，中上部有黄褐色网纹；内部中实，菌肉白色，伤后变锈褐色；基部菌丝白色。无特殊气味和味道。担孢子8.5~11 × 3.5~4.5 μm，梭形，光滑。

【生态习性】夏秋季散生或群生于壳斗科植物林中地上。

【食用价值】食毒不明。

【讨论】红褐粉孢牛肝菌的主要鉴别特征为：盖表绒质，子实体各部位受伤后变锈褐色以及菌柄中上部被明显网纹。该物种原描述自东南亚，在我国云南、福建等省份亦有报道。

46 江西粉孢牛肝菌

Tylopilyus jiangxiensis Kuan Zhao & Yan C. Li

【形态特征】菌盖直径2~3.5 cm，凸镜形，幼嫩时盖缘常内卷；黄棕色至红棕色，边缘颜色渐浅，伤后不变色；菌肉厚0.2~0.3 cm，近白色，伤后不变色。子实层体近直生至弯生，表面白色、稍带粉色调，伤后粉色较明显；菌管高0.2~0.4 cm，与子实层表面同色。菌柄近柱状，5~7 × 0.4~0.7 cm，表面光滑，颜色与菌盖相近，但中上部颜色渐浅，顶端近白色，与子实层连接处形成白色环带；内部中实，菌肉白色；基部菌丝白色。生尝味苦。担孢子9.5~12 × 3.5~4.5 μm，梭形，光滑。

【生态习性】夏秋季生于壳斗科植物与松树的混交林中地上。

【食用价值】食毒性不明。

【讨论】该物种是本书作者2020年在江西九岭山保护区发现并描述的新物种，是全球首个以“江西”命名的牛肝菌。其主要鉴别特征为：子实体小型，菌盖和菌柄黄棕色至红棕色，子实层白色略带粉色调。

47　新苦粉孢牛肝菌

Tylopilus neofelleus Hongo

【形态特征】菌盖直径5~16 cm，凸镜形至较平展，光滑，幼嫩时盖缘稍内卷；幼时紫罗兰色、浅紫色，后变为土褐色，伤后不变色；菌肉厚0.2~0.8 cm，近白色，伤后不变色，味苦。子实层体弯生，表面白色、成熟后粉色，伤后不变色；菌管高0.4~1 cm，与子实层表面同色。菌柄近柱状，5~16 × 1.5~4 cm，表面光滑，浅紫色至淡黄褐色，中上部颜色较浅、有时具网纹；内部中实、白色；基部菌丝白色。生尝味苦。担孢子8~9 × 3~4 μm，梭形，光滑。

【生态习性】夏秋季散生于松树林中或针阔混交林中地上。

【食用价值】有毒，胃肠炎型中毒。

【讨论】新苦粉孢牛肝菌原描述自日本，在我国分布较广泛，江西各地常见。该物种的菌盖在成熟后的颜色变化较大，应注意识别，避免误食。

48 淡紫粉孢牛肝菌

Tylopilus vinaceipallidus (Corner) T. W. Henkel

【形态特征】菌盖直径4.5~12.5 cm，初呈半球形，后逐渐平展；表面红棕色至栗色，盖缘颜色稍浅，湿润时粘，干燥时绒质；菌肉坚实，厚0.3~0.6 cm，白色，伤后不变色。子实层体直生，幼嫩时表面白色，成熟后粉红色，伤后亦不变色；菌管高0.3~0.5 cm，略带粉色调，伤不变色。菌柄柱状，长6~8 cm，直径1~2.5 cm，柄表颜色与菌盖相近，上覆一层粉刺状鳞片；菌柄菌肉白色，伤后不变色；基部菌丝白色。生尝味苦。担孢子10~12 × 3.5~4.5 μm，近梭形，光滑。

【生态习性】夏秋季散生于壳斗科植物林中地上。

【食用价值】味苦，不建议食用。

【讨论】淡紫粉孢牛肝菌与江西粉孢牛肝菌在形态上较为接近，但后者盖表非绒质且菌柄表面光滑。该种原描述自马来西亚，已报道在我国云南省、广东省有分布，为江西省新记录种。

49 兄弟绒盖牛肝菌

Xerocomus fraternus Xue T. Zhu & Zhu L. Yang

【形态特征】菌盖直径4~8 cm，凸镜形至渐平展；表面黄褐色、红褐色至暗褐色，绒质；菌肉白色至淡黄色，厚0.5~0.8 cm，受伤后不变色或缓慢变蓝。子实层体近直生，表面鲜黄色至暗黄色，伤后缓慢变蓝；菌管高0.4~0.7 cm，颜色与子实层表面相近，伤后缓慢变蓝。菌柄中生，近柱状，长4~9 cm，直径0.5~1.2 cm，浅黄色，被纵向条纹；上部菌肉受伤后变色不明显，中下部受伤后变为浅红褐色；基部菌丝污白色。气味温和。担孢子9.5~12 × 4~5 μm，近梭形，扫描电镜下孢子表面可见杆菌样纹饰。

【生态习性】夏秋季散生于壳斗科植物林中地上。

【食用价值】食毒不明，慎食。

【讨论】兄弟绒盖牛肝菌于2016年被描述和发表，因其与云南绒盖牛肝菌形态特征相近而得名，但两者的区别在于菌柄菌肉的颜色及其受伤后变色情况。该物种在云南、广东和海南等省份也均有分布，为江西省新记录种。

50 褐柄绒盖牛肝菌

Xerocomus fulvipes Xue T. Zhu & Zhu L. Yang

【形态特征】菌盖直径3~11 cm，凸镜形至渐平展；表面肉褐色、红褐色至灰褐色，绒质；菌肉淡黄色，厚0.5~0.8 cm，受伤后缓慢变蓝。子实层体直生或稍弯生，表面鲜黄色至暗黄色，伤后迅速变蓝；菌管高0.5~1 cm，颜色与子实层表面相近，伤后亦迅速变蓝。菌柄中生，近柱状，长3~9 cm，直径0.5~1.2 cm，上部浅黄色，中下部被红褐色至锈褐色鳞片；菌肉颜色同盖表菌肉；基部菌丝污白色。气味温和。担孢子10~13 × 5~6 μm，近梭形，扫描电镜下孢子表面可见杆菌样纹饰。

【生态习性】夏秋季单生于壳斗科植物林中地上。

【食用价值】食毒不明，慎食。

【讨论】褐柄绒盖牛肝菌于2016年被描述和发表，因菌柄黄褐色而得名。模式标本采集自云南。为江西省新记录种。

51　亚小绒盖牛肝菌

Xerocomus subparvus Xue T. Zhu & Zhu L. Yang

【形态特征】 菌盖直径3~5 cm，初呈半球形，后逐渐平展，成熟后盖缘常上翻；表面淡褐色、灰褐色至红褐色，干燥，绒质；菌肉白色，厚0.3~0.6 cm，白色，伤后局部缓慢变蓝色。子实层体直生至稍延生，表面黄色至暗黄色，伤后缓慢变蓝；菌管高0.4~0.8 cm，伤后缓慢变蓝。菌柄柱状，长2~5 cm，直径0.4~0.8 cm，柄表淡黄褐色；菌柄菌肉略带褐色，伤后变色不明显；基部菌丝白色。无特殊气味褐味道。担孢子9.5~12 × 4~5 μm，长椭圆形至近梭形，在光学显微镜下表面光滑，扫描电镜下可见杆菌样纹饰。

【生态习性】夏秋季散生于壳斗科与松属植物混交林下。

【食用价值】食毒不明，慎食。

【讨论】亚小绒盖牛肝菌因与小绒盖牛肝菌*X. parvus*形态相近而得名，但后者分布于亚高山云杉、冷杉为主的植物林下。该物种在我国云南、福建、广东等省份也均有分布。

52　柠檬臧氏牛肝菌

Zangia citrina Y.C. Li & Zhu L. Yang

【形态特征】菌盖直径2~5 cm，凸镜形至较平展，柠檬黄色至鲜黄色，盖缘颜色较浅；菌肉厚0.2~0.4 cm，近白色，伤后不变色。子实层体直生，表面粉色，伤后不变色；菌管高0.4~0.8 cm，与子实层表面同色。菌柄近柱状，长4~10 cm，直径0.4~1.2 cm，有时具红色鳞片；内部中实，菌肉浅黄色至金黄色；基部菌丝黄色。无特殊气味和味道。担孢子11~13.5 × 4.5~5.5 μm，近梭形，光滑。

【生态习性】夏秋季散生、群生或簇生于阔叶林中地上。

【食用价值】食毒不明。

【讨论】臧氏牛肝菌属是为纪念我国著名真菌学家臧穆先生，于2011年成立的新属。柠檬臧氏牛肝菌因盖表柠檬黄色而得名，在江西省分布较为广泛。

三、多孔菌类 *Polypores*

1　杂色多孔菌

Cerioporus varius (Pers.) Zmitr. & Kovalenko

【形态特征】子实体一年生，具中生柄，肉质至革质。菌盖圆形，直径可达6 cm，中部厚可达2 mm；表面红褐色、黑褐色；边缘锐，波状。孔口表面新鲜时奶油色，干后土黄色，多角形，每毫米8~10个，边缘薄，全缘。菌肉棕黄色，厚可达1 mm；菌管土黄色，长可达1 mm；菌柄黑色，光滑，长可达6 cm，直径可达5 mm。担孢子5.6~7 × 2.2~2.5 μm，圆柱形，无色，薄壁，光滑，非淀粉质，不嗜蓝。

【生态习性】夏秋季单生于阔叶树腐木上。

【食用价值】质硬，不建议食用。

【讨论】该种在国内主要分布于华南地区，为江西省新记录种。

2 魏氏集毛孔菌

Coltricia weii Y.C. Dai

【形态特征】子实体一年生，具中生柄，新鲜时革质，干后木栓质。菌盖圆形至漏斗形，直径可达3 cm，中部厚可达1.5 mm；表面锈褐色至暗褐色，具明显的同心环区；边缘薄，锐，撕裂状，干后内卷。孔口表面肉桂黄色至暗褐色；圆形至多角形，每毫米3~4个；边缘薄，全缘至略撕裂状。菌肉暗褐色，革质，厚可达0.5 mm。菌管棕土黄色，长可达1 mm。菌柄暗褐色至黑褐色，长可达1.5 cm，直径可达2 mm。担孢子5.6~7.2 × 4.3~5.5 μm，宽椭圆形，浅黄色，厚壁，光滑，非淀粉质。

【生态习性】夏秋季生于壳斗科植物与松树的混交林中地上。

【食用价值】食毒不明，不建议食用。

【讨论】该种原产中国，主要分布于华中地区。

3 裂拟迷孔菌

Daedaleopsis confragosa (Bolton) J. Schröt.

【形态特征】子实体一年生，覆瓦状叠生，木栓质。菌盖半圆形至贝壳形，外伸可达7 cm，宽可达16 cm，中部厚可达2.5 cm，表面浅黄色至褐色，初期被细绒毛，后期光滑，具同心环带和放射状纵条纹，有时具疣突；边缘锐。孔口表面奶油色至浅黄褐色；近圆形、长方形、迷宫状或齿裂状，有时褶状，每毫米1个；边缘薄，锯齿状。不育边缘窄，奶油色，宽可达0.5 mm。菌肉浅黄褐色，厚可达15 mm。菌管与菌肉同色，长可达10 mm。担孢子6.1~7.8 × 1.2~1.9 μm，圆柱形，略弯曲，无色，薄壁，光滑，非淀粉质，不嗜蓝。

【生态习性】夏秋季生于活立木或倒木上。

【食用价值】药用。

【讨论】该种又称“粗糙拟迷孔菌”，广泛分布于中国各地区，可造成木材白色腐朽，也是椴木栽培食用菌时的常见“杂菌”。

4 竹生拟层孔菌

Fomitopsis bambusae Y.C. Dai *et al*.

【形态特征】子实体一年生，新鲜时软木塞状，无气味或味道，干后木质，重量轻。菌盖1.5~4 × 1~1.5 cm，中部厚5 mm，多为半圆形、贝壳形，无菌柄；新鲜时表面蓝灰色，干燥时浅灰色至灰褐色，光滑或稍粗糙，边缘锐化。菌孔圆形或多角形，表面新鲜时蓝灰色，干燥后鼠灰色至深灰色，每毫米6~9个。担孢子4.2~6.1 × 2~2.3 μm，圆柱形至长椭圆形，透明，薄壁，光滑。

【生态习性】夏秋季生于枯竹上。

【食用价值】食毒不明，不建议食用。

【讨论】竹生拟层孔菌于2021年被描述和发表，因生于枯竹之上而得名。原描述于海南省，为江西省新记录种。

5　红缘拟层孔菌

Fomitopsis pinicola (Sw.) P. Karst.

【形态特征】子实体多年生，无柄，新鲜时硬木栓质，无嗅无味。菌盖半圆形或马蹄形，外伸可达24 cm，宽可达28 cm，中部厚可达14 cm；表面白色至黑褐色；边缘钝，初期乳白色，后期浅黄色或红褐色。孔口表面乳白色；圆形，每毫米4~6个；边缘厚，全缘。不育边缘明显，宽可达8 mm。菌肉乳白色或浅黄色，上表面具一明显且厚的皮壳，厚可达8 cm。菌管与菌肉同色，木栓质，分层不明显，有时被一层薄菌肉隔离，长可达6 cm。担孢子5~6.5 × 3~4 μm，椭圆形，无色，壁略厚，光滑，不含油滴，非淀粉质，不嗜蓝。

【生态习性】春季至夏秋季生于多种针叶树和阔叶树的活立木、倒木和腐木上。

【食用价值】药用，一般不食用。

【讨论】本种在我国分布广泛，可见于东北、西北、华南和青藏等地区。

6 粗糙长毛孔菌

Funalia aspera (Jungh.) Zmitr. & Malysheva

【形态特征】子实体一年生，覆瓦状叠生，革质。菌盖近半圆形，直径5~10 cm，中部厚可达1.2 cm；表面黄褐色、褐色至深褐色，具明显的同心环纹；菌肉褐色，硬革质，厚可达1 cm。子实层体菌管状，管口圆形至角形，灰奶油色，受伤后变褐色；菌管长可达0.5 cm，浅黄褐色，硬革质。无柄。担孢子9~10 × 3.5~4 μm，圆柱形，无色，壁薄，表面光滑。

【生态习性】夏秋季群生于阔叶林中活立木或倒木上。

【食用价值】食毒不明，不建议食用。

【讨论】本种在国内主要分布华北、华中和华南地区。

7 南方灵芝

Ganoderma australe (Fr.) Pat.

【形态特征】子实体多年生，无柄，木栓质。菌盖半圆形，外伸可达35 cm。宽可达55 cm，基部厚可达7 cm；表面锈褐色至黑褐色，具明显的环沟和环带；边缘圆，钝，奶油色至浅灰褐色。孔口表面灰白色至淡褐色；圆形，每毫米4~5个；边缘较厚，全缘。菌肉新鲜时浅褐色，干后棕褐色，厚可达3 cm。菌管暗褐色，长可达4 cm。担孢子7~8 × 4~5.5 μm，阔卵圆形，顶端平截，淡褐色至褐色，双层壁，外壁无色、光滑，内壁具小刺，嗜蓝。

【生态习性】夏秋季生于活立木、倒木或腐木上。

【食用价值】药用，一般不食用。

【讨论】该物种原描述自欧洲，在我国主要分布于华中和华南地区。

8 灵芝

Ganoderma lingzhi Sheng H. Wu *et al*.

【形态特征】子实体一年生，柄偏生，新鲜时软木栓质，干后木栓质。菌盖平展盖形，外伸可达10 cm，宽可达14 cm，颜色多变，幼时浅黄色至黄褐色，成熟时黄褐色至红褐色，边缘钝或锐，有时微卷。孔口表面幼时白色，成熟时硫黄色，触摸后变为褐色，近圆形或多角形，边缘薄，全缘。不育边缘明显。菌肉浅褐色，上层菌肉颜色浅，下层菌肉颜色深，软木栓质。菌管褐色，木栓质，颜色明显比菌肉深。菌柄近圆柱形，幼时橙黄色至浅黄褐色，成熟时红褐色至紫黑色，长可达25 cm，直径可达4 cm。担孢子9~11 × 5.5~7.2 μm，椭圆形，顶端平截，浅褐色，双层壁，内壁具小刺，嗜蓝。

【生态习性】夏秋季生于活立木、倒木或腐木上。

【食用价值】药用，一般不食用。

【讨论】本种广泛分布于中国东部暖温带和亚热带地区，是我国栽培灵芝的主要种源。

9 紫芝

Ganoderma sinense J.D. Zhao *et al.*

【形态特征】子实体一年生，具侧生柄，干后软木栓质至木栓质。菌盖半圆形、近圆形或匙形，外伸可达8 cm，宽可达9.5 cm，基部厚可达2 cm；表面新鲜时漆黑色，光滑，具明显的同心环纹和纵皱，干后紫褐色、紫黑色至近黑色，具漆样光泽。孔口表面干后污白色、淡褐色至深褐色;略圆形，每毫米5~6个；边缘薄，全缘。菌肉褐色至深褐色，中间具黑色壳质层，软木栓质，厚可达8 mm。菌管褐色至深褐色，长可达1.3 cm。担孢子11~12.5 × 7~8 μm，椭圆形，双层壁，外壁无色、光滑，内壁淡褐色至褐色、具小脊，弱嗜蓝。

【生态习性】夏秋季生于阔叶树倒木或腐木上。

【食用价值】一般不食用。

【讨论】本种可见于我国大部分地区，其菌盖表面黑紫色、具漆样光泽，可药用。

10 漏斗多孔菌

Lentinus arcularius (Batsch) Zmitr.

【形态特征】子实体一年生，具中生柄，肉质至革质。菌盖圆形，直径可达2 cm，厚可达2 mm；表面黄褐色至茶褐色，被纤毛；边缘锐，干后略内卷。孔口表面初期奶油色，干后浅黄色或橘黄色；多角形，每毫米4~5个；边缘薄，略呈撕裂状。菌肉新鲜时白色，干后奶油色，厚可达1 mm。菌管与孔口表面同色，长可达1 mm。菌柄基部无黑色皮壳，被绒毛，长可达1 cm，直径可达3 mm。担孢子6~7 × 2.2~2.5 μm，圆柱形，无色，薄壁，光滑，非淀粉质，不嗜蓝。

【生态习性】夏秋季单生于阔叶树倒木上。

【食用价值】食用，也可药用。

【讨论】 该种分布于我国大部分地区。幼嫩时柔软，可以食用；成熟后革质化，干后变硬。

11　近缘小孔菌

Microporus affinis (Blume & T. Nees) Kuntze

【形态特征】子实体一年生，具侧生柄或几乎无柄，木栓质。菌盖半圆形至扇形，外伸可达5 cm，宽可达8 cm，基部厚可达5 mm；表面淡黄色至黑色，具明显的环纹和环沟。孔口表面新鲜时白色至奶油色，干后淡黄色至赭石色；圆形，每毫米7~9个；边缘薄，全缘。菌肉干后淡黄色，厚可达4 mm。菌管与孔口表面同色，长可达2 mm。菌柄暗褐色至褐色，光滑，长可达2 cm，直径可达6 mm。担孢子3.5~4.5 × 1.8~2 μm，短圆柱形至腊肠形，无色，薄壁，光滑，非淀粉质，不嗜蓝。

【生态习性】夏秋季生于阔叶林倒木或枯枝上。

【食用价值】食毒不明，不建议食用。

【讨论】近缘小孔菌在我国南方分布较为广泛，也见于东南亚。可引起木材白色腐朽。

12 黄柄小孔菌

Microporus xanthopus (Fr.) Kuntze

【形态特征】子实体一年生，具中生柄，韧革质。菌盖圆形至漏斗形，直径可达8 cm，中部厚可达0.5 cm，表面新鲜时浅黄褐色至黄褐色，具同心环纹；边缘锐，浅棕黄色，波状，有时撕裂。孔口表面新鲜时白色至奶油色，干后淡赭石色；多角形，每毫米8~10个；边缘薄，全缘。不育边缘明显，宽可达1 mm。菌肉干后淡棕黄色，厚可达3 mm。菌管与孔口表面同色，长可达2 mm。菌柄具浅黄褐色表皮，光滑，长可达2 cm，直径可达2.5 mm。担孢子6~7.5 × 2~2.5 μm，短圆柱形，略弯曲，无色，薄壁，光滑，非淀粉质，不嗜蓝。

【生态习性】夏秋季生于阔叶树倒木上。

【食用价值】食毒不明，不建议食用。

【讨论】该种在我国南方多个省区均有分布，为江西省新记录种。

13 白蜡多年卧孔菌

Perenniporia fraxinea (Bull.) Ryvarden

【形态特征】担子果多年生，无柄，木栓质至木质。菌盖单生或呈覆瓦状，多半圆形，通常4~5.5 × 4.5~6.5 cm，厚0.2~0.8 cm，剖面常呈三角形，表面光滑，有不明显的环带，干时呈暗紫褐色，暗红褐色至紫褐色，具很薄的皮壳，边缘薄，完整。菌肉棉絮状至绒状，木材色或微带灰褐色。菌管与菌肉同色，每层长1~2 mm，层次不明显。孔面微带奶油黄色至褐色或锈褐色，管口略圆形，每毫米4~6个。担孢子5~7.5 × 3.5~6 μm，近球形至水滴状，厚壁，平滑。

【生态习性】夏秋季生于阔叶树腐木之上。

【食用价值】药用。

【讨论】该种在我国主要分布于华中和华南地区，生于白蜡树、檫木、杨树、柳树等阔叶树的腐木上，造成白色腐朽，药用具有抑肿瘤功效。

14 骨质多年卧孔菌

Perenniporia minutissima (Yasuda) T. Hatt. & Ryvarden

【形态特征】子实体中等大或较大，菌盖5~15 × 4~10 cm，厚1~2.5 cm，多为半圆形、贝壳形，无菌柄；表面红褐色，有宽的乳白色边缘，平滑或有不规则凸起；菌肉白色，木质；菌管口白色，圆形，每毫米4~6个。孢子5~7 × 4.5~6 μm，近卵形，无色，光滑。

【生态习性】夏秋季生于腐木桩上。

【食用价值】食毒不明，不建议食用。

【讨论】该种原描述自日本，在我国分布较广泛，可造成木材白色腐朽。

15 白赭多年卧孔菌

Perenniporia ochroleuca (Berk.) Ryvarden

【形态特征】子实体多年生，无柄，覆瓦状着生，革质至木栓质。菌盖近圆形成马蹄形，外伸可达1.5 cm，宽可达2 cm，厚可达1 cm；表面幼时白色，后奶油色至黄褐色，具明显的同心环带；边缘钝，颜色浅。孔口表面乳白色至土黄色，无折光反应；近圆形，每毫米5~6个；边缘厚，全缘。不育边缘较窄，宽可达0.5 mm。菌肉土黄褐色，厚可达4 mm。菌管与孔口表面同色，长可达6 mm。担孢子9~12 × 5.5~7.9 μm，椭圆形，顶部平截，无色，厚壁，光滑，拟糊精质，嗜蓝。

【生态习性】夏秋季生于阔叶树倒木上。

【食用价值】药用。

【讨论】该种幼时白色后逐渐变为奶油色、赭黄色，在我国华中和华南地区分布，可药用。

16 梭伦剥管孔菌

Piptoporus soloniensis (Dubois) Pilát

【形态特征】担子果一年生，无柄，盖形，或具中生至侧生的短柄，单生或覆瓦状排列，新鲜时软肉质，干后软纤维质，重量变轻。菌盖半圆形或扇形，基部厚可达1.5 cm。菌盖表面奶油色至肉桂色，被绒毛至无毛，无环带，多皱纹，菌盖边缘奶油色至浅橙色或橙褐色，锐或钝，有时内卷，有时外卷孔口表面奶油色至淡黄色或蜜黄色，具折光反应。孔口圆形至多角形，管口边缘薄壁，全缘，菌肉奶油色，软纤维质，厚可达1 cm，菌管与孔口表面同色，脆质。担孢子9.5~5.5 × 2~3 μm，椭圆形。

【生态习性】夏秋季生于阔叶树活立木、死树、倒木上。

【食用价值】食毒不明，不建议食用。

【讨论】该种在国内主要分布于华中和华南地区，可造成木材白色腐朽。

17　朱红密孔菌

Pycnoporus cinnabarinus (Jacq.) P. Karst.

【形态特征】子实体一年生，革质。菌盖扇形或肾形，外伸可达5 cm，宽可达7 cm，基部厚可达0.5 cm，表面新鲜时砖红色，干后颜色几乎不变；边缘较尖锐。孔口表面新鲜时砖红色，干后颜色不变；近圆形，每毫米3~4个；边缘稍厚，全缘。不育边缘宽可达1 mm。菌肉浅红褐色，厚可达1 mm。菌管与孔口表面同色，长可达4.5 mm。担孢子4~5.5 × 4~2.5 μm，长椭圆形至圆柱形，无色，薄壁，光滑，非淀粉质，不嗜蓝。

【生态习性】夏秋季生于多种阔叶树倒木和腐木上。

【食用价值】一般不食用。

【讨论】本种在国内分布于大部分地区，可药用，有清热、消炎和抑肿瘤等功效。

18 假芝

Sanguinoderma rugosum (Blume & T. Nees) Y.F. Sun *et al.*

【形态特征】子实体一年生，干后木栓质。菌盖近圆形，外伸可达7.5 cm，宽可达8.5 cm，厚可达5 mm，表面灰褐色至褐色，具明显的纵皱和同心环纹，中心部分凹陷，无光泽；边缘深褐色，波状，内卷。孔口表面新鲜时灰白色，触摸后变为血红色，干后变为黑色；近圆形至多角形，每毫米6~7个；边缘厚，全缘。菌肉褐色至深褐色，厚可达4 mm。菌管褐色至深褐色，长可达6 mm。菌柄与菌盖同色，外被一层皮壳，圆柱形，光滑，中空，长可达7.5 cm，直径可达1 cm。担孢子9.5~11.5 × 8~9.5 μm，宽椭圆形至近球形，双层壁，外壁光滑、无色，内壁深褐色、具小刺，非淀粉质，嗜蓝。

【生态习性】夏秋季生于阔叶林中地上。

【食用价值】药用，一般不食用。

【讨论】该种在国内主要分布于华中和华南地区，可做药用，有消炎、利尿、益胃、抑制肿瘤等功效，现已有人工栽培。

19 云芝栓孔菌

Trametes versicolor (L.) Lloyd

【形态特征】子实体一年生，覆瓦状叠生，革质。菌盖半圆形，外伸可达8 cm，宽可达10 cm，中部厚可达0.5 cm；表面颜色变化多样，淡黄色至蓝灰色，被细密绒毛，具同心环带；边缘锐。孔口表面奶油色至烟灰色；多角形至近圆形，每毫米4~5个；边缘薄，撕裂状。不育边缘明显，宽可达2 mm。菌肉乳白色，厚可达2 mm。菌管烟灰色至灰褐色，长可达3 mm。担孢子4.1~5.3 × 1.8~2.2 μm，圆柱形，无色，薄壁，光滑，非淀粉质，不嗜蓝。

【生态习性】夏秋季生于阔叶林倒木或腐木上。

【食用价值】一般不食用。

【讨论】该种具有药用价值，有清热解毒、消炎、抗癌和保肝等功效。

四、腹菌类 *Gasteroid fungi*

1　锐棘秃马勃

Calvatia holothuroides Rebriev

【形态特征】子实体陀螺形，高3~5 cm，直径3~4 cm，幼时浅红褐色，后灰黄色至深黄色，干后橙黄色至黄褐色，表面皱褶或不皱褶，具密集刺突，刺突易脱落。基部不育。外包被薄、脆，易与产孢组织分离，橙黄色至黄褐色，稍皱，由透明、有隔膜、具分支的菌丝组成，分2层，上层菌丝与囊泡相互交织，下层为假薄壁层。内包被浅橄榄褐色，由薄壁、分隔、二叉分枝的菌丝组成。产孢组织紧凑，成熟时黄色至棕黄色，干燥后棉絮状，孢子印黄色。担孢子2.8~5 × 3~3.5 μm，球形或椭球形，表面微皱，有锥形棘，非淀粉质。

【生态习性】夏秋季生于壳斗科植物与松树的混交林中地上。

【食用价值】食毒不明，不建议食用。

【讨论】该种在我国主要分布于江西、广东等省份，其主要鉴别特征为：子实体表面具密集刺突，且刺突易脱落。

2 袋形地星

Geastrum saccatum Fr.

【形态特征】菌蕾高1~3 cm，直径1~3 cm，扁球形、近球形、卵圆形、梨形，顶部呈喙状，基部具根状菌索。外包被污白色至深褐色，具不规则皱纹、纵裂纹，并生有绒毛；成熟后开裂成5~8片瓣裂，肉质，较厚，基部袋状。内包被扁球形，深陷于外包被中，顶部呈近圆锥形。产孢组织中有囊轴。担孢子直径3~4 μm，球形至近球形，褐色，有疣突，稍粗糙。

【生态习性】夏秋季生于阔叶林中地上。

【食用价值】药用，一般不食用。

【讨论】本物种原描述自欧洲，可见于我国大部分地区。其所含多糖具有消炎、抗氧化和抗肿瘤等功效。

3 欧石楠状马勃

Lycoperdon ericaeum Bonord.

【形态特征】担子果宽2~3 cm，高3~5 cm，近陀螺形或近梨形，不孕基部伸长如短柄，通体白色，基部稍具黄褐色，表面被白色粉霜状鳞片。担孢子4.4~4.8 μm，近球形，表面具疣突。

【生态习性】夏秋季单生于针阔混交林中地上。

【食用价值】食毒不明，不建议食用。

【讨论】在中国，该种主要分布于华南地区，其主要鉴别特征为：通体白色，表面被白色粉霜。

4 网纹马勃

Lycoperdon perlatum Pers.

【形态特征】担子果小型至中等。子实体高3~7 cm，直径2~5 cm，近球形至陀螺形；表面覆盖有黄褐色至灰褐色的疣状和锥形突起，易脱落，脱落后在表面形成斑点，并连接成网纹，初期近白色或奶油色，后变灰黄色至黄色，老后淡褐色。不育基部发达，常伸长如柄。担孢子直径3.5~4 μm，球形，无色或淡黄色，壁稍薄，具微细刺状或疣状突起。

【生态习性】夏秋季群生于阔叶林中地上。

【食用价值】幼时可食。

【讨论】该种亦可药用，有消肿、止血、清肺、利喉、抗菌等多种功效。

5 黄包红蛋巢菌

Nidula shingbaensis K. Das & R.L. Zhao

【形态特征】子实体坛状至桶状，高0.4~1 cm，直径0.4~0.6 cm，无柄，幼时子实体顶部有一白色盖膜。包被淡黄色、褐黄色至黄色，外侧被白色至近白色绒毛，内侧平滑、淡黄色至黄褐色。小包扁平，直径1.0~1.5 mm，透镜状，肉桂色至巧克力褐色。担孢子7~9 × 4.5~5.5 μm，椭圆形至卵圆形，近透明，厚壁，非淀粉质。

【生态习性】夏秋季生于阔叶林或针阔混交林中倒木或枯枝上。

【食用价值】食毒不明，不建议食用。

【讨论】该物种原描述自印度，在我国主要分布于华中和华南等地，在江西宜春、抚州等多地可见。

舒敏瑞　供附图

6　纯黄竹荪

Phallus luteus (Liou & L. Hwang) T. Kasuya

【形态特征】菌蕾高4~5 cm，直径3~4 cm，卵形至近球形，奶油色至污白色，无臭无味，成熟后具菌盖、菌裙和菌柄。菌盖钟形，高可达4 cm，基部直径可达4 cm，顶端圆盘形。突起的网格边缘橘黄色至黄色，网格内具恶臭味暗褐色的黏液状孢体。菌幕柠檬黄色至橘黄色，似裙子，具菌托，苞状，从菌盖边沿下垂长6.5~11 cm，下缘直径8~13 cm，网眼多角形，眼孔直径约3~6 mm。菌柄长可达12 cm，基部具根状菌索，基部直径可达3 cm，初期白色，后期浅黄色新鲜时海绵质，空心，干后纤维质。担孢子3~4 × 1.4~1.9 μm，长椭圆形至短圆柱形，无色，壁稍厚，光滑，非淀粉质，弱嗜蓝。

【生态习性】夏秋季散生至群生于竹林或阔叶林下。

【食用价值】有毒。

【讨论】该种在我国南方较常见，形态优美，群众熟知。

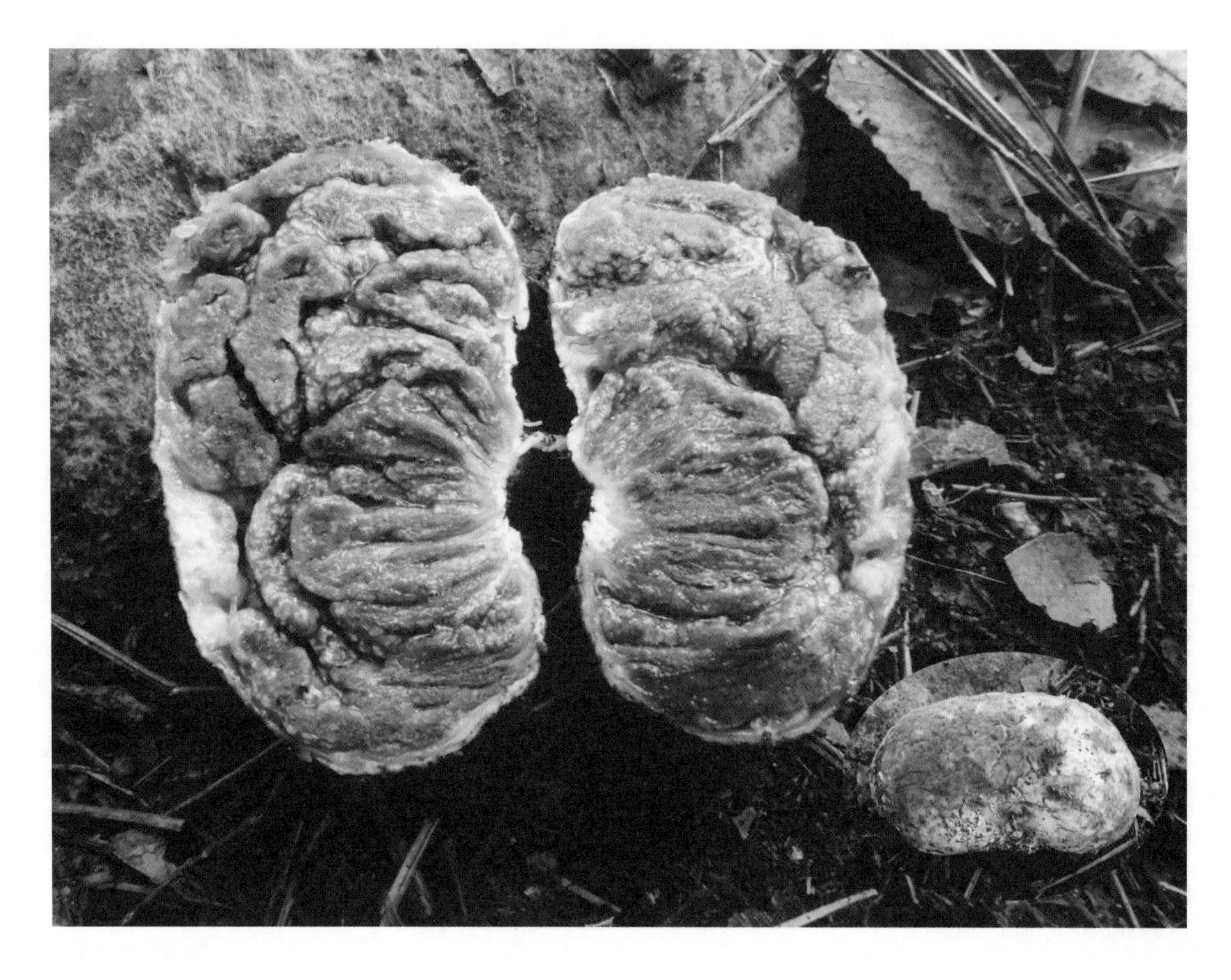

7 小林块腹菌

Protubera nipponica Kobayasi

【形态特征】子实体宽2~7 cm，近球形、椭圆形或块状，表皮较薄，表面平滑或稍粗糙，凹凸不平，干后黄白色至淡黄褐色，有深褶皱，污白色至浅土黄色。包被厚0.5 mm。产孢体由隔板分成许多曲折小室，橄榄绿色，多数暗绿色舌形软组织之间充满透明液体，成熟后表皮破裂，柔软组织色变深。担孢子3.5~5 × 1.8~2.2 μm，长椭圆形，平滑，无色至淡黄绿色。

【生态习性】夏秋季单生于松林中地上。

【食用价值】有毒。

【讨论】小林块腹菌是地下真菌，原描述自日本，又称“考巴菌”“豆沙包”。在我国分布较为广泛。

8 网状硬皮马勃

Scleroderma areolatum Ehrenb.

【形态特征】子实体小，直径1~2.5 cm，扁半球形，浅土黄色，下部平，有长短不一的柄状基部，其下开散成许多菌丝束，包被薄，约1~2 mm，其上有细小紧贴的暗褐色鳞片，顶端不规则开裂。孢丝褐色，壁厚，粗2.5~10 μm，顶端膨大呈粗棒状。孢子直径7~13 μm，深褐色，球形，具刺。

【生态习性】夏秋季生于针阔混交林中地上。

【食用价值】有毒。

【讨论】该种在国内大部分地区均有分布，应注意和可食用的云南硬皮马勃区分，后者包被较厚，可达7 mm。老熟后可药用，有消炎止血之功效。

9 硬皮马勃

Scleroderma verrucosum (Bull.) Pers.

【形态特征】子实体直径3~8 cm，球形至扁球形，下部缩成柄状基部。包被较薄（厚约1 mm），土黄色至淡褐色，有深褐色小鳞片。孢体茶褐色，成熟后粉末状。担孢子直径8~11 μm，球形至近球形，褐色至浅褐色，有小刺，无网纹。

【生态习性】夏秋季生于林中地上。

【食用价值】有毒。

【讨论】本种为硬皮马勃属的模式种，原描述自欧洲，全球分布。可见于我国大部分地区。药用，有止血之功效。

五、胶质菌类 *Jelly fungi*

1 毛木耳

Auricularia cornea Ehrenb.

【形态特征】子实体一年生，直径可达15 cm，厚0.5~1.5 mm。新鲜时杯形、盘形或贝壳形，较厚，通常群生，有时单生，棕褐色至黑褐色，胶质、有弹性，中部凹陷，边缘锐且通常上卷。干后收缩，变硬，角质，浸水后可恢复成新鲜时形态及质地。不育面中部常收缩成短柄状，被绒毛，暗灰色，分布较密。担孢子13~16×4~5 μm，腊肠形，无色。

【生态习性】夏秋季生于阔叶树腐木。

【食用价值】可食。

【讨论】本种为常见食用菌，已有人工栽培。

2 黑木耳

Auricularia heimuer F. Wu *et al.*

【形态特征】子实体宽2~9 cm，有时可达13 cm，厚0.5~1 mm。新鲜时呈杯形、耳形、叶形或花瓣形，棕褐色至黑褐色，柔软半透明，胶质，有弹性，中部凹陷，边缘锐，无柄或具短柄。干后强烈收缩，变硬，脆质，浸水后迅速恢复成新鲜时形态及质地。子实层表面平滑或有褶状隆起，深褐色至黑色。不育面与基质相连，密被短绒毛。担孢子11~13 × 4~5 μm，近圆柱形或弯曲成腊肠形，无色，薄壁，光滑。

【生态习性】夏秋季生于多种阔叶树倒木和腐木上。

【食用价值】可食。

【讨论】本种为常见食用菌，全国均有分布，栽培广泛。是九岭山区群众习惯采食的食用菌之一。

3 中华胶角耳

Calocera sinensis McNabb.

【形态特征】子实体高5~15 mm，直径0.5~2.5 mm，淡黄色、橙黄色，偶淡黄褐色，干后红褐色、浅褐色或深褐色，硬胶质，棒形，偶分叉，顶端钝或尖，横切面有3个环带。子实体周生。菌丝具横隔，壁薄，光滑或粗糙，具锁状联合。担孢子10~13.5 × 4.5~5.5 μm，弯圆柱形，壁薄，具一小尖，具一横隔。隔壁薄，无色。

【生态习性】群生于阔叶树或针叶树朽木上。

【食用价值】食毒不明，不建议食用。

【讨论】该物种在中国各地均有分布。

4 褐盖刺银耳

Pseudohydnum brunneiceps Y.L. Chen *et al.*

【形态特征】担子果韧胶质，具弹性。菌盖钟形至肾形，直径2~8 cm，菌盖较厚；上表面绒毛状，浅栗褐色至暗红褐色；菌盖下侧密生乳白色胶质刺齿，圆锥形，长0.2~0.5 cm，常稍延生至柄的上部；菌肉厚0.1~0.2 cm，白色至带灰色，受伤后不变色，半透明状。无柄或有短柄，菌柄长1.6~5 cm，直径1.2~2 cm，侧生，扁圆柱形，胶质，半透明状；表面具绒毛，与菌盖同色或稍淡。担孢子6~8 × 5~8 μm，球形至宽椭圆形，表面光滑。

【生态习性】夏秋季单生或群生于腐木上。

【食用价值】药用。

【讨论】该种是2020年描述于江西省的新种，其之前常被鉴定为胶质刺银耳*Pseudohydnum gelatinosum*，但后者的担子果为白色至灰白色，无褐色调。

5 银耳

Tremella fuciformis Berk.

【形态特征】子实体高3~8 cm，白色，透明，干时带黄色，黏滑，胶质，有弹性，由很多薄而卷曲的瓣片组成。担孢子直径5~7 μm，近球形，无色，光滑。有锁状联合。

【生态习性】夏秋季群生于阔叶林中腐木上。

【食用价值】可食。

【讨论】该种是著名的食药用菌，现已产业化栽培，其不仅美味可口，同时具有提高免疫力、抗放射与促进骨髓造血功能、抗肿瘤等作用。

六、珊瑚菌类 *Coral fungi*

1 杯冠瑚菌

Artomyces pyxidatus (Pers.) Jülich

【形态特征】子实体高4~10 cm，宽2~10 cm，珊瑚状，初期乳白色，渐变为黄色、米色至淡褐色，后期呈褐色，表面光滑。主枝3~5条，直径2~3 mm，肉质。分枝3~5回，每一分枝处的所有轮状分枝构成一环状结构，分枝顶端凹陷具3~6个突起，初期乳白色至黄白色，后期呈棕褐色。柄状基部长1~3 cm，直径达1 cm，近圆柱形，初期白色，渐变粉红色至褐色。菌肉污白色。担孢子4~5 × 2~3 μm，椭圆形，表面具微小的凹痕，无色，淀粉质。

【生态习性】夏秋季散生于针阔混交林中腐木上。

【食用价值】可食。

【讨论】杯冠瑚菌是耳匙菌科的成员，姿态优美，幼嫩时质脆。该种分布于中国大部分地区。

2 珊瑚状锁瑚菌

Clavulina coralloides (L.) J. Schröt.

【形态特征】子实体总体高3~6 cm，直径2~5 cm，珊瑚状，多分枝，白色、米白色至淡肉赭色，枝顶端有丛状密集且细尖的小分枝。菌肉白色，质脆，伤不变色，内实。担子40~60 × 6~8 μm，双孢，棒形，稀有横隔，具2个小梗。担孢子7~9.5 × 6~7.5 μm，近球形，光滑，内含1个大油球。

【生态习性】夏秋季生于针阔混交林中地上。

【食用价值】可食。

【讨论】该物种通体白色、米白色至淡肉赭色，广泛分布于我国大部分地区。

包训详　供图

3　环沟红拟锁瑚菌

Clavulinopsis sulcata Overeem

【形态特征】担子果高3~10 cm，宽2~7 mm，单一不分枝，极少有1~2次短分枝，圆柱形、近棍棒状至纺锤形。基部近柱形，略细，顶端逐渐变窄或突然变细，菌柄明显，细短，柱形，长5~25 mm，宽1~3 mm，不育，新鲜时基部白色，菌柄上端通常肉色至淡鲑鱼橙或贝壳粉色，干后肉赭色。子实层两面生，表面常有纵向皱纹和沟纹，新鲜时桃红色、胡萝卜红色、玛瑙红色至石榴红色或猩红色；干后肉赭色至淡赭黄色。菌肉蜡质，较脆，菌肉横截面比子实层淡，新鲜时实心至近中空，干后中空。担孢子5~7.6 × 4.5~6.8 μm，无色，在水中透明，非淀粉质，表面光滑，球形至近球形。

【生态习性】夏秋季生于针叶林或阔叶林中地上。

【食用价值】可食。

【讨论】该物种分布于中国大部分地区，因其色彩艳丽且通常不分枝，在野外较易辨别。

七、干巴菌类 *Thelephores*

1 橙黄革菌

Thelephora aurantiotincta Corner

【形态特征】子实体丛生，多分枝，分枝叶片扇形至花瓣型，高可达8 cm，宽可达9 cm，橙黄色至黄褐色，边缘波状且颜色浅，新鲜时革质。子实层体光滑至有疣突，褐黄色至黄色。担孢子6~8 × 5~7 μm，不规则多角形，浅褐色，厚壁，具角突。

【生态习性】夏秋季生于林中地上。

【食用价值】可食。

【讨论】该种与干巴菌形态近似，也被称为“黄干巴菌”，在我国分布较为广泛，为江西省新记录种。

2 华南干巴菌

Thelephora austrosinensis T.H. Li & T. Li

【形态特征】子实体高5~14 cm，宽4~14 cm，丛生，珊瑚状多次分枝，由基部较厚的干片向上依次裂成扇形以至帚状小分枝，灰白色或灰黑色。基部的干片高2~2.5 cm，宽2.5~4 cm，无毛绒，具环纹，下端具根状菌丝。中部的枝片高2~5 cm，宽2.5~4.5 cm。肉厚2~4 mm。枝片间互相于基部结联。顶端的小枝片高3~9 cm，宽0.5~2 cm。多回分枝或双叉分枝。子实层干燥，灰白色或灰褐色。担孢子6~8 × 6~7 μm，透明、略带淡褐色，多角形，有刺突，非淀粉质。

【生态习性】夏秋季见于针叶林中地上。

【食用价值】可食。

【讨论】华南干巴菌原描述自广东省，味美、芳香，是著名的野生食用菌。系江西省新记录。

八、齿菌类 *Tooth fungi*

1 东方耳匙菌

Auriscalpium orientale P. M. Wang & Zhu L. Yang

【形态特征】子实体一年生，具中生菌柄，新鲜时革质至软木栓质，干后木栓质至木质。菌盖直径1~2 cm，圆形，表面灰褐色至红褐色，被硬毛，边缘锐，干后内卷。不育边缘窄至几乎无。菌肉干后褐色，木栓质。菌齿长达1 mm，圆柱形，末端渐尖，每毫米2~3个，褐色，脆质，易碎。担孢子4.5~5.5 × 3.5~4 μm，宽椭圆形，具小疣突，淀粉质。

【生态习性】夏秋季单生或数个生于松科树的球果上。

【食用价值】食毒不明，不建议食用。

【讨论】本种广泛分布于中国东北、西南和华中地区，于2019年被描述和发表。生于掉落的球果上，可加速球果的腐烂。为江西省新记录种。

2　皱盖亚齿菌

Hydnellum granulosum Y.H. Mu & H.S. Yuan

【形态特征】子实体一年生，单生或覆瓦状着生，新鲜时革质，干燥后木质，味道辛辣，干后芳香气味。菌盖形状不规则，最大直径5 cm，中央厚0.5~1 cm；表面浅黄色，浅棕色到灰棕色，干燥时表面粗糙；边缘浅黄白色，波浪形或内卷，有时开裂。菌齿表面浅橙色到深棕色，菌齿长2 mm，基部宽0.3 mm，每毫米3~6个，至菌柄数量渐少，菌盖边缘无菌齿。菌柄中生至偏生，长4 cm，直径可达3 cm，棕色，表面具皱纹，实心，圆柱状或向下渐细，基部膨大。担孢子4.1~5.1 × 3.4~4.7 μm，不规则椭圆形到球状，棕色，薄壁，具疣突。

【生态习性】夏秋季生于针阔混交林中地上。

【食用价值】幼嫩时可食用。

【讨论】皱盖亚齿菌是2021年报道于我国四川省的新物种，为江西省新记录种。

参考书目

陈言柳，张林平，栾丰刚，等．2019．江西老虎脑自然保护区大型真菌资源及生态分布[J]．中国食用菌38（11）：6–12

陈晔，罗敏，许祖国，等．2004．赣西北食（药）用菌的种质资源[J]．菌物研究2：31–37

陈作红，杨祝良，图力古尔，等．2016．毒蘑菇识别与中毒防治[M]．北京：科学出版社

戴芳澜．1979．中国真菌总汇[M]．北京：科学出版社

戴玉成，崔宝凯．2010．海南大型木生真菌的多样性[M]．北京：科学出版社

戴玉成，杨祝良．2008．中国药用真菌名录及部分名称的修订[J]．菌物学报27（6）：801–824

戴玉成，周丽伟，杨祝良，等．2010．中国食用菌名录[J]．菌物学报29（1）：1–21

戴玉成，杨祝良，崔宝凯，等．2021．中国森林大型真菌重要类群多样性和系统学研究[J]．菌物学报40（4）：770–805

邓春英，康超，向准，等．2018．贵州省毒蘑菇资源名录[J]．贵州科学36（5）：24–30

邓叔群．1963．中国的真菌[M]．北京：科学出版社

邓旺秋，李泰辉，宋斌，等．2005．广东已知毒蘑菇种类[J]．菌物研究3：7–12

邓旺秋，李泰辉，宋宗平，等．2020．罗霄山脉大型真菌区系分析与资源评价[J]．生物多样性28（7）：896–904

郭婷，杨瑞恒，汤明霞，等．2022．黄山大型真菌的物种多样性[J]．菌物学报41（9）：1398–1415

黄年来．1998．中国大型真菌原色图鉴[M]．北京：中国农业出版社

何宗智．1991．江西大型真菌资源及其生态分布[J]．南昌大学学报（理科版）15（3）：5–13

何宗智，肖满．2006．江西省官山自然保护区大型真菌名录[J]．江西科学24（1）：83–88
黄亮，雷兆文，曹春水．2002．江西地区灰花纹鹅膏菌中毒首发报告[J]．江西医学院学报42（1）：123–124
胡殿明，刘仁林．2008．江西武夷山自然保护区大型真菌生态分布[J]．赣南师范学院学报6：64–68
胡雪雁，曾赣林，李小红，等．2011．江西峰山森林公园大型真菌资源调查[J]．安徽农业科学39（8）：4610–4613，4615
霍光华，颜俊清，张林平，等．2021．江西大型真菌图鉴[M]．南昌：江西科学技术出版社
李泰辉，宋斌．2002．中国食用牛肝菌的种类及其分布[J]．食用菌学报9（2）：22–30
李泰辉，宋斌．2003．中国牛肝菌已知种类[J]．贵州科学（Z1）：78–86
李挺，李泰辉，邓旺秋，等．2020．中国华南及其周边地区分布的两种鬼笔学名订证[J]．食用菌学报27（4）：155–163
李玉，李泰辉，杨祝良，等．2015．中国大型菌物资源图鉴[M]．郑州：中原农民出版社
刘虹，董淑英，杨杰，等．2020．山西毒蘑菇新记录种：窄孢陀胶盘菌和赭红拟口蘑[J]．山西农业科学48（10）：1650–1652
刘贤德，雷玉明，马力，等．祁连山经济菌类[M]．兰州：兰州大学出版社
卯晓岚．2000．中国大型真菌图鉴[M]．郑州：河南科学技术出版社
卯晓岚．2006．中国毒菌物种多样性及其毒素[J]．菌物学报25：345–363
穆新华，涂磊，吴小冬，等．2021．江西九岭山保护区毒蘑菇一新记录——日本红菇[J]．食品安全导刊29：162–163+165
裘维蕃．1957．云南牛肝菌图志[M]．北京：科学出版社
饶军．1996．抚州地区的有毒植物[J]．抚州师专学报3：63–67
饶军．1998．翠雷山大型真菌资源[J]．吉林农业大学学报S1：204
图力古尔，包海鹰，李玉．2014．中国毒蘑菇名录[J]．菌物学报33：517–548
王向华，刘培贵，于富强．2004．云南野生商品蘑菇图鉴[M]．昆明：云南科技出版社
魏铁铮，王科，于晓丹，等．2020．中国大型担子菌受威胁现状评估[J]．生物多样性28（1）：41–53
吴兴亮．2011．中国热带真菌[M]．北京：科学出版社
杨祝良．2005．中国真菌志第27卷·鹅膏科[M]．北京：科学出版社

杨祝良．2015．中国鹅膏科真菌图志[M]．北京：科学出版社
杨祝良，吴刚，李艳春，等．2021．中国西南地区常见食用菌和毒菌[M]．北京：科学出版社
杨祝良，王向华，吴刚．2022．云南野生菌[M]．北京：科学出版社
游兴勇，周厚德，刘洋，等．2019．2012—2017年江西省毒蘑菇中毒事件流行病学分析[J]．中国食品卫生杂志31（6）：588-591
袁明生，孙佩琼．2007．中国覃菌原色图集[M]．成都：四川科学技术出版社
徐俊，张林平，胡少昌．2020．江西庐山大型真菌图鉴[M]．南昌：江西科学技术出版社
臧穆，李滨，郗建勋．1996．横断山区真菌[M]．北京：科学出版社
曾念开，蒋帅．2021．海南鹦哥岭大型真菌图鉴[M]．海口：南海出版公司
张俊波，宋海燕，胡殿明．2016．江西大型真菌名录调查初报[J]．生物灾害科学39（1）：1-13
张林平，胡少昌，彭维国．2007．江西九连山自然保护区大型真菌物种多样性的研究[J]．江西农业学报19（7）：97-101
张林平，陶少军，张扬，等．2013．江西铜钹山大型真菌的生态分布与资源评价[J]．江西农业大学学报35（6）：1229-1235
张平，邓华志，陈作红，等．2014．湖南壶瓶山大型真菌图鉴[M]．长沙：湖南科学技术出版社
赵长林．2012．中国多年卧孔菌属的分类与系统发育研究[D]．北京林业大学
赵瑞琳，季必浩．2021．浙江景宁大型真菌图鉴[M]．北京：科学出版社
庄文颖，曾昭清，刘晓夏．2016．中国二头孢盘菌属的分类研究[J]．菌物学报359（7）：791-801
Cai Q, Cui YY, Yang ZL. 2016. Lethal *Amanita* species in China[J]. Mycologia 108(5): 993-1009
Carbone M, Wang YZ, Huang CL. 2013. Studies in *Trichaleurina* (Pezizales). Type studies of *Trichaleurina polytricha* and *Urnula philippinarum*. The status of *Sarcosoma javanicum*, *Bulgaria celebica*, and *Trichaleurina tenuispora* sp. nov., with notes on the anamorphic genus *Kumanasamuha*[J]. Ascomycete.org 5(5): 137-153
Cui YY, Cai Q, Tang LP, et al. 2018. The family Amanitaceae: molecular phylogeny, higher-rank taxonomy and the species in China[J]. Fungal Diversity 91(1): 5-230

Cui YY, Feng B, Wu G, et al. 2016. Porcini mushrooms (*Boletus* sect. *Boletus*) from China[J]. Fungal Diversity 81(1): 189–212

Dai YC. 2010. *Coltricia* (Basidiomycota, Hymenochaetaceae) in China[J]. Sydowia 62: 11–21

Deng CY, Li TH, Song B. 2011. A revised checklist of *Marasmiellus* for China Mainland[J]. Czech Mycology 63(2): 203–214

Deng CY, Li TH, Song B. 2011. A new species and a new record of *Marasmius* from China[J]. Mycotaxon 116(1): 341–347

Donner CD, Cuzzupe AN, Falzon CL, et al. 2012. Investigations towards the synthesis of xylindein, a blue–green pigment from the fungus *Chlorociboria aeruginosa*[J]. Tetrahedron 68(13): 2799–2805

Fang JY, Wu G, Zhao K. 2019. *Aureoboletus rubellus*, a new species of bolete from Jiangxi Province, China[J]. Phytotaxa 420(1): 72–78

Ge ZW, Yang ZL, Qasim T, et al. 2015. Four new species in *Leucoagaricus* (Agaricaceae, Basidiomycota) from Asia[J]. Mycologia 107(5): 1033–1044

Ge ZW, Yang ZL, Vellinga EC. 2010. The genus *Macrolepiota* (Agaricaceae, Basidiomycota) in China[J]. Fungal Diversity 45: 81–98

Gelardi M, Vizzini A, Ercole E, et al. 2015. Circumscription and taxonomic arrangement of *Nigroboletus roseonigrescens* gen. et sp. nov., a new member of Boletaceae from tropical South–Eastern China[J]. PLoS One10(8): e0134295

Han LH, Wu G, Horak E, et al. 2020. Phylogeny and species delimitation of *Strobilomyces* (Boletaceae), with an emphasis on the Asian species[J]. Persoonia: Molecular Phylogeny and Evolution of Fungi 44: 113–139

Hao YJ, Zhao Q, Wang SX, et al. 2016. What is the radicate *Oudemansiella* cultivated in China[J]. Phytotaxa 286(1): 12

He G, Chen SL, Yan SZ. 2016. Morphological and molecular evidence for a new species in *Clavulina* from southwestern China[J]. Mycoscience 57(4): 255–263

He MQ, Chen J, Zhou JL, et al. 2007. Tropic origins, a dispersal model for saprotrophic mushrooms in *Agaricus* section *Minores* with descriptions of sixteen new species[J]. Scientific reports 7(1): 1–31

He XL, Li TH, Jiang ZD, et al. 2012. Four new species of *Entoloma* s. l. (Agaricales) from southern China[J]. Mycological Progress11(4): 915–925

Hampe KDH, Verbeken A. 2015. *Lactarius* subgenus *Russularia* (Russulaceae) in South-East Asia: 3. new diversity in Thailand and Vietnam[J]. Phytotaxa 207(3): 215-241

Hosen MI, Song ZP, Gates G, et al. 2017. Two new species of *Xanthagaricus* and some notes on *Heinemannomyces* from Asia[J]. MycoKeys 28: 1-18

Lee H, Park JY, Wisitrassameewong K, et al. 2018. First report of eight milkcap species belonging to *Lactarius* and *Lactifluus* in Korea[J]. Mycobiology 46(1): 1-12

Li T, Li TH, Song B, et al. 2020. *Thelephora austrosinensis* (Thelephoraceae), a new species close to *T. ganbajun* from southern China[J]. Phytotaxa 471(3): 208-220

Li YC, Feng B, Yang ZL. 2011. *Zangia*, a new genus of Boletaceae supported by molecular and morphological evidence[J]. Fungal Diversity 49(1): 125-143

Li YC, Yang ZL. 2021. The boletes of China: *Tylopilus* s. l.[M]. Springer, Berlin

Li ZZ, Luan FG, Hywel-Jones NL, et al. 2021. Biodiversity of cordycipitoid fungi associated with *Isaria cicadae* Miquel II: Teleomorph discovery and nomenclature of chanhua, an important medicinal fungus in China[J]. Mycosystema 40(1): 95-107

Mata JL, Hughes KW, Petersen RH. 2006. An investigation of Omphalotaceae (Fungi: Euagarics) with emphasis on the genus *Gymnopus*[J]. Sydowia 58(2):191-289

Mu YH, Yu JR, Cao T, et al. 2021. Multi-Gene Phylogeny and Taxonomy of *Hydnellum* (Bankeraceae, Basidiomycota) from China[J]. Journal of Fungi 7(10): 818

Putte K, Nuytinck J, Stubbe D, et al. 2010. *Lactarius volemus* sensu lato (Russulales) from northern Thailand: morphological and phylogenetic species concepts explored[J]. Fungal Diversity 45(1):99-130

Qin J, Yang ZL. 2016. *Cyptotrama* (Physalacriaceae, Agaricales) from Asia[J]. Fungal biology 120(4): 513-529

Qin J, Feng B, Yang ZL, et al. 2014. The taxonomic foundation, species circumscription and continental endemisms of *Singerocybe*: evidence from morphological and molecular data[J]. Mycologia 106(5): 1015-1026

Rosa LH, Machado KM, Rabello AL, et al. 2009. Cytotoxic, immunosuppressive, trypanocidal and antileishmanial activities of Basidiomycota fungi present in Atlantic Rainforest in Brazil[J]. Antonie Van Leeuwenhoek 95(3): 227-237

Song Y, Xie XC, Buyck B. 2021. Two novel species of subgenus *Russula* crown clade (Russulales, Basidiomycota) from China[J]. European Journal of Taxonomy 775: 15–33

Song Y, Zhang JB, Li JW, et al. 2017. Phylogenetic and morphological evidence for *Lactifluus robustus* sp. nov. (Russulaceae) from southern China[J]. Nova Hedwigia 105(3–4): 519–528

Sun L, Liu Q, Bao C, et al. 2017. Comparison of free total amino acid compositions and their functional classifications in 13 wild edible mushrooms[J]. Molecules 22(3): 350

Sun YF, Costa-Rezende DH, Xing JH, et al. 2020. Multi-gene phylogeny and taxonomy of *Amauroderma* s. lat. (Ganodermataceae)[J]. Persoonia 44(1): 206–239

Vincenot L, Popa F, Laso F, et al. 2017. Out of Asia: biogeography of fungal populations reveals Asian origin of diversification of the *Laccaria amethystina* complex, and two new species of violet *Laccaria*[J]. Fungal biology 121(11): 939–955

Wang PM, Yang ZL. 2019. Two new taxa of the *Auriscalpium vulgare* species complex with substrate preferences[J]. Mycological Progress 18(5): 641–652

Wang XH. 2018. Fungal biodiversity profiles 71–80[J]. Cryptogamie, Mycologie 39(4): 419–445

Wang XH, Nuytinck J, Verbeken A. 2015. *Lactarius vividus* sp. nov. (Russulaceae, Russulales), a widely distributed edible mushroom in central and southern China[J]. Phytotaxa 231(1): 63–72

Wu F, Zhou LW, Yang ZL, et al. 2019. Resource diversity of Chinese macrofungi: edible, medicinal and poisonous species[J]. Fungal Diversity 98(1): 1–76

Wu G, Li YC, Zhu XT, et al. 2016. One hundred noteworthy boletes from China[J]. Fungal Diversity 81(1): 25–188

Yuan Y, Li YK, Liang JF. 2014. *Leucoagaricus tangerinus*, a new species with drops from Southern China[J]. Mycological Progress13(3): 893–898

Zeng NK, Liang ZQ, Wu G, et al. 2016. The genus *Retiboletus* in China[J]. Mycologia 108(2): 363–380

Zeng NK, Tang LP, Li YC, et al. 2013. The genus *Phylloporus* (Boletaceae, Boletales) from China: morphological and multilocus DNA sequence analyses[J]. Fungal Diversity 58: 73–101

Zhang M, Li T, Wei TZ, et al. 2019. *Ripartitella brunnea*, a new species from subtropical China[J]. Phytotaxa 387(3): 255–261

Zhang M, Li TH, Chen F. 2018. *Rickenella danxiashanensis*, a new bryophilous agaric from China[J]. Phytotaxa 350(3): 283–290

Zhang M, Wang CQ, Gan MS, et al. 2022. Diversity of *Cantharellus* (Cantharellales, Basidiomycota) in China with description of some new species and new records[J]. Journal of Fungi 8(5): 483

Zhao K, Zhang FM, Zeng QQ, et al. 2020. *Tylopilus jiangxiensis*, a new species of *Tylopilus* s. str. from China[J]. Phytotaxa 434 (3): 281–291

Zhao RL, Zhou JL, Chen J, et al. 2016. Towards standardizing taxonomic ranks using divergence times–a case study for reconstruction of the *Agaricus* taxonomic system[J]. Fungal diversity 78(1): 239–292

Zhou M, Wang CG, Wu YD, et al. 2021. Two new brown rot polypores from tropical China[J]. MycoKeys 82: 173–197

Zhu XT, Wu G, Zhao K, et al. 2015. *Hourangia*, a new genus of Boletaceae to accommodate *Xerocomus cheoi* and its allied species[J]. Mycological Progress 14(6): 1–10